21世纪新概念全能实战规划教材

中文版
3ds Max
2022
基础教程

江奇志◎编著

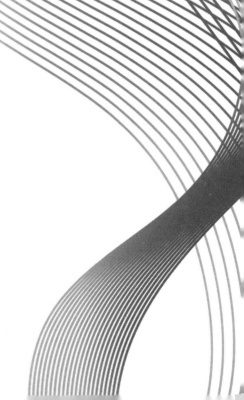

北京大学出版社
PEKING UNIVERSITY PRESS

内 容 简 介

　　3ds Max 是当前市面上流行的三维设计软件和动画制作软件,被广泛地应用于室内外装饰设计、建筑设计、影视广告设计等相关领域。

　　本书以案例为引导,系统全面地讲解了 3ds Max 2022 三维设计与动画制作的相关功能应用。内容包括 3ds Max 2022 基础知识与入门操作,基本体的建模方法,二维、三维、复合体的建模与修改编辑,摄影机、灯光与渲染技巧,材质与贴图应用,动画的设计与制作,粒子系统与空间扭曲应用。本书第 12 章讲解了商业案例实训的内容,通过学习本章可以提升读者 3ds Max 三维设计的综合实战技能水平。

　　全书内容安排由浅入深,语言通俗易懂,实例题材丰富多样,每个操作步骤的介绍都清晰准确,特别适合广大计算机培训学校、中高职院校作为相关专业的教材用书,同时也可以作为广大 3ds Max 初学者、设计爱好者的学习参考书。

图书在版编目(CIP)数据

中文版3ds Max 2022基础教程 / 江奇志编著. — 北京 : 北京大学出版社,2023.6
ISBN 978-7-301-33908-4

Ⅰ. ①中… Ⅱ. ①江… Ⅲ. ①三维动画软件 – 教材 Ⅳ. ①TP391.414

中国国家版本馆CIP数据核字（2023）第061872号

书　　　　名	**中文版3ds Max 2022基础教程**
	ZHONGWENBAN 3ds Max 2022 JICHU JIAOCHENG
著作责任者	江奇志　编著
责 任 编 辑	刘　云
标 准 书 号	ISBN 978-7-301-33908-4
出 版 发 行	北京大学出版社
地　　　　址	北京市海淀区成府路205 号　　100871
网　　　　址	http://www.pup.cn　　　新浪微博:@ 北京大学出版社
电 子 信 箱	编辑部 pup7@pup.cn　　总编室 zpup@pup.cn
电　　　　话	邮购部 010-62752015　发行部 010-62750672　编辑部 010-62570390
印 　刷 　者	北京溢漾印刷有限公司
经 　销 　者	新华书店
	787毫米×1092毫米　16开本　17.5印张　421千字
	2023年6月第1版　2023年10月第2次印刷
印　　　　数	3001-5000册
定　　　　价	69.00元

Preface 前 言

　　3ds Max 是 3 Dimension Studio Max 的简称，又称MAX，是当前市面上流行的三维设计软件和动画制作软件，被广泛地应用于室内外装饰设计、建筑设计、影视广告设计等相关领域。

本书特色

由浅入深，讲解清晰

　　全书内容安排由浅入深，语言通俗易懂，实例题材丰富多样，操作步骤的介绍都清晰准确。特别适合广大计算机培训学校作为相关专业的教材用书，同时也可作为广大 3ds Max 初学者、设计爱好者的学习参考用书。

内容全面，轻松易学

　　本书内容翔实，系统全面。在写作方式上，采用"步骤讲述＋配图说明"的方式进行编写，操作简单明了，浅显易懂。图书配有相关辅助学习资料，包括本书中所有案例的素材文件与最终效果文件，同时还配有与书中内容同步讲解的多媒体教学视频，能让读者轻松学会 3ds Max 三维设计与动画制作的技能。

案例丰富，实用性强

　　全书安排了 17 个"课堂范例"，帮助初学者掌握相关工具、命令的实战应用；安排了 11 个"课堂问答"，帮助初学者解决学习过程中遇到的疑难问题；安排了 11 个"上机实战"和 11 个"同步训练"的综合例子，提升初学者的实战技能水平；并且每章后面都安排有"知识能力测试"的习题，认真完成这些测试习题，可以帮助初学者对知识技能进行巩固（提示：相关习题答案可以通过百度网盘下载，方法参考后面的介绍）。

本书知识结构图

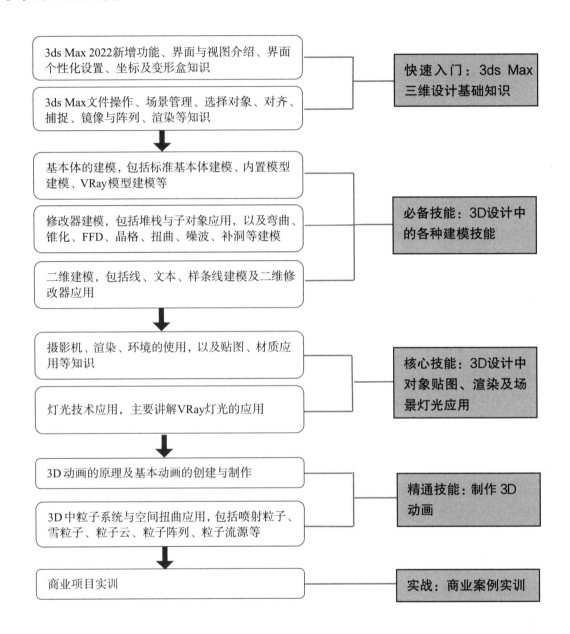

教学课时安排

本书系统地梳理了 3ds Max 2022 软件的功能应用，现给出本书在教学过程中的参考课时（共73 课时），主要包括教师讲授（46 课时）和学生上机实训（27 课时）两部分，具体如下表所示。

章节内容	课时分配	
	教师讲授	学生上机实训
第1章 3ds Max基础知识	2	1
第2章 3ds Max入门操作	2	1
第3章 基本体建模	4	2
第4章 修改器建模	5	3
第5章 二维建模	4	3
第6章 复合对象建模	5	2
第7章 多边形建模	3	2
第8章 摄影机及灯光	6	4
第9章 材质与贴图	4	2
第10章 制作基本动画	3	2
第11章 粒子系统与空间扭曲	4	3
第12章 商业案例实训	4	2
合计	46	27

相关资源说明

本书配有相关的学习资源和教学资源，读者可以使用百度网盘进行下载。

1. 素材文件

指本书中所有章节实例的素材文件。读者在学习时，可以参考图书讲解内容，打开对应的素材文件进行同步操作练习。

2. 结果文件

指本书中所有章节实例的最终效果文件。读者在学习时，可以打开结果文件，查看其实例效果，为自己在学习中的练习操作提供帮助。

3. 视频教学文件

本书为读者提供了长达300分钟与书同步的视频教程。读者可以通过相关的视频播放软件打开每章中的视频文件进行学习。每个视频都有语音讲解，非常适合无基础的读者学习。

4. PPT 课件

本书为教师类读者提供了非常方便的 PPT 教学课件，方便教师教学使用。

5. 习题及答案

提供 3 套"知识与能力总复习题"，便于检测读者对本书内容的掌握情况。本书每章后面的"知识能力测试"及 3 套"知识与能力总复习题"的参考答案，可参考"下载资源"中的"习题及答案汇总"文件夹。

6. 其他赠送资源

为了提高读者对软件的实际应用水平，下载资源中综合整理了"设计软件在不同行业中的学习指导"，方便读者结合其他软件灵活掌握设计技巧、学以致用。同时，本书还赠送电子书《高效能人士效率倍增手册》，帮助读者提高工作效率。

温馨提示：以上资源已上传至百度网盘，供读者下载。请读者扫描左下方或封底的二维码，关注"博雅读书社"微信公众号，找到资源下载栏目，输入本书 77 页的资源下载码，根据提示获取。或扫描右下方二维码并关注公众号，输入代码 3D22g，获取下载地址及密码。

创作者说

本书由凤凰高新教育策划并组织编写，并由有近 20 年一线设计和教学经验的江奇志副教授参与编写并精心审定。在本书的编写过程中，我们竭尽所能地为您呈现最好、最全的实用功能，但仍难免有疏漏和不妥之处，敬请广大读者不吝指正。

编　者

CONTENTS 目 录

第 12 章　商业案例实训

3ds Max 2022

第1章
3ds Max基础知识

在学习 3ds Max 之前必须对其有一个整体的认知，包括软件概况、绘图流程、公司对模型的评价标准、视图与视口、视图控制技巧等，以便为后面的学习做出必要的铺垫。

学习目标

- 了解 3ds Max 的发展历程及应用领域
- 了解 3ds Max 2022 的新增功能
- 了解三维效果图及三维动画的制作流程
- 了解制图要领
- 掌握界面与视图的控制技巧
- 能熟练运用坐标系统及变形盒（Gizmo）

1.1 初识3ds Max

在Windows出现之前,工业级的CG(Computer Graphics,计算机动画)制作几乎都被SGI(Silicon Graphics,美国硅图公司)工作站垄断,而3ds Max的出现,则改变了这一格局。3ds Max是一款针对PC用户的三维动画渲染和制作软件,它大大降低了CG制作的门槛,涉足效果图绘制、游戏动漫、影视特效制作等诸多领域。

1.1.1 3ds Max概述

3ds Max其实是3 Dimension Studio Max的简称,又称MAX,是一款基于PC系统的三维动画渲染和制作软件,其前身是基于DOS操作系统的3D Studio系列软件。

在Windows操作系统出现之后,从1993年开始,Gary Yost将一群志同道合的编程专家召集起来开始3D Studio MAX的开发工作。1996年,Autodesk公司的Kinetix分部推出了Kinetix 3ds Max 1.0。2000年,被Autodesk公司收购的Discreet Logic与Kinetix合并成立了新的Discreet分部,并推出了首字母大写的Max的Discreet 3ds Max 4。2005年,推出了Autodesk 3ds Max 8,从此,3ds Max的前缀公司名都叫Autodesk。以数字命名版本到3ds Max 9结束,自2007年推出3ds Max 2008开始就以年份命名版本,并且每年升级一次版本。2008年,推出了Autodesk 3ds Max 2009。

温馨提示

自3ds Max 2014起,只能安装在64位Windows 7以上的操作系统上。

1.1.2 3ds Max 2022新增功能

中文版3ds Max 2022,是目前Autodesk官方针对中国用户开发的一款三维设计制图软件,全称为Autodesk 3ds Max 2022。无论美工人员所在的行业有什么需求,中文版3ds Max 2022都能为他们提供所需的三维工具来创建富有灵感的效果。其新增主要功能如下。

1. 智能挤出增强功能

在编辑多边形建模时,直接按住【Shift】键并拖动鼠标可执行智能挤出面操作,向内向外都能挤出。这个功能可以省去缝合、焊接等步骤,从而大大提高工作效率。

向内挤出时可以切割和删除网格任意部分的面,生成的孔将重新缝合到周围的面。此操作和布尔运算求差集类似,但与布尔运算不同的是,向内挤出操作是在多边形组件上执行。

向外挤出时,如果向外挤出的结果全部进入网格任意元素的另一面,则相交结果将缝合在一起以形成清晰的结果。此操作和布尔运算求并集类似。

步骤01 运行3ds Max 2022,绘制一个长方体,如图1-1所示。

步骤02 在长方体上右击,在弹出的快捷菜单中选择【转换为:】→【转换为可编辑多边形】命令,如图1-2所示。

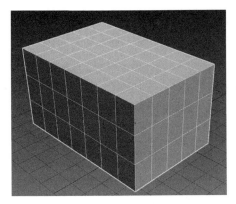

图 1-1　绘制长方体

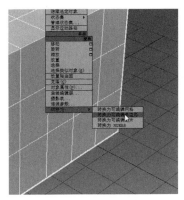

图 1-2　转换为可编辑多边形

步骤 03　在数字键盘中按【4】键切换到多边形子对象，按住【Ctrl】键任意选择几个多边形，如图 1-3 所示。再切换到主工具栏中的【选择并移动】按钮✛，按住【Shift】键用鼠标将选择的多边形往下拖动到长方体内，此时会发现已将选择面绘制出孔洞效果，如图 1-4 所示。

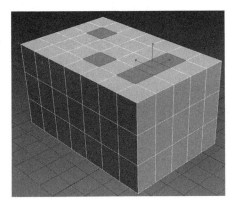

图 1-3　选择多边形子对象

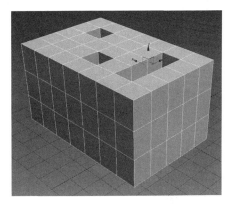

图 1-4　向长方体内挤出

步骤 04　选择其他面，切换到主工具栏中的【选择并移动】按钮✛，按住【Shift】键用鼠标将选择的多边形往上拖动，即可做出并集效果，如图 1-5 所示。继续按住【Shift】键往上拖动鼠标，挤出效果如图 1-6 所示。

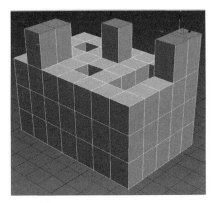

图 1-5　向长方体外挤出

图 1-6　继续挤出

步骤 05 选择一个面，用同样的方法按住【Shift】键将其向Y轴拖动，效果如图1-7所示。继续拖动，直到与对面的体相交，此时会发现有自动焊接的效果，如图1-8所示。

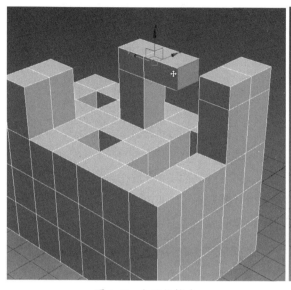
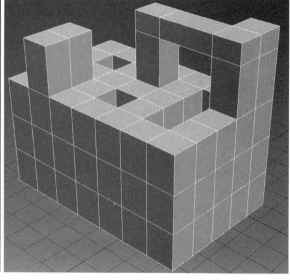

图1-7 向Y轴挤出   图1-8 自动焊接效果

2.【切片】修改器增强功能

在【切片】修改器上，增加了径向切片模式、封口、对齐面切片、参考比对等几个功能。

步骤 01 新建一个文件，在透视图中创建一个球体，添加一个【切片】修改器，如图1-9所示。

步骤 02 在【切片】卷展栏中选择【径向】模式，如图1-10所示，然后将【切片方向】修改为Y。

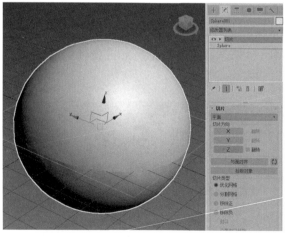
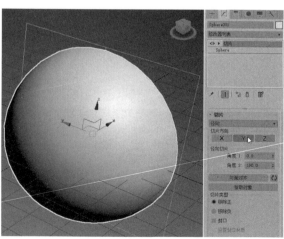

图1-9 添加【切片】修改器   图1-10 切换为【径向】模式

步骤 03 调整径向切片两端的角度可以控制切片大小，如图1-11所示。此时切片器有孔洞，选中【封口】复选框即可对其封口，如图1-12所示。此外，封口处还可给予单独的材质。

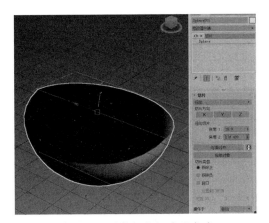

图 1-11 调整径向切片的角度

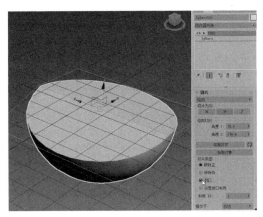

图 1-12 封口

步骤 04 删除球体，绘制一个四棱锥，添加【切片】修改器，如图 1-13 所示。单击【与面对齐】按钮，再单击四棱锥的一个侧面，如图 1-14 所示。

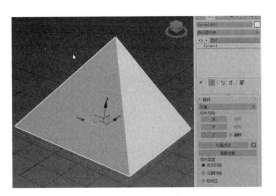

图 1-13 添加【切片】修改器

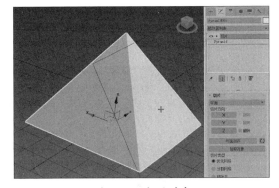

图 1-14 与面对齐

步骤 05 单击【切片】左边的▶按钮，在展开的选项中选择【切片平面】子对象，在【切片类型】选项中选中【移除正】单选按钮，选中【封口】复选框，如图 1-15 所示。移动剪切平面，就会以所选平面对齐来进行切片，如图 1-16 所示。

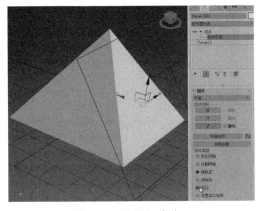

图 1-15 设置切片选项

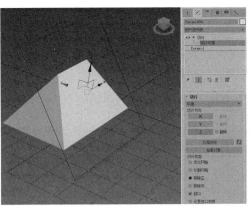

图 1-16 移动剪切平面

步骤 06　单击【与面对齐】按钮右边的【重置Gizmo】按钮，然后在透视图绘制一个圆柱体，如图1-17所示。重新选择四棱锥，在【切片】修改器中单击【拾取对象】按钮，再单击圆柱体，如图1-18所示。

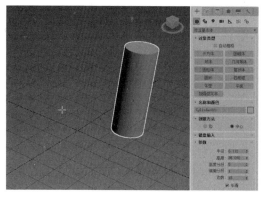

图 1-17　绘制圆柱

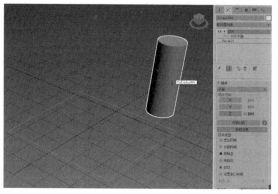

图 1-18　拾取对象

步骤 07　切换到主工具栏中的【选择并移动】按钮，锁定Z轴向上拖动，可以随时控制切片高度，有一个参考功能，如图1-19所示。

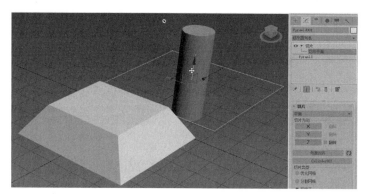

图 1-19　参考对象切片

3.【对称】修改器增强功能

与【切片】修改器增强功能相似，3ds Max 2022的【对称】修改器也能实现径向对称、多轴对称和以对象上的面对称几个功能，如图1-20所示。

4.【松弛】修改器增强功能

3ds Max 2022增加了【保留体积】复选框，激活后，将执行附加计算以减少模型中的小细节及噪点，同时保留其形状和清晰度，如图1-21所示。在处理包含大量不需要的细微曲面细节的数据（如用扫描和雕刻数据看到的内容）时，【保留体积】复选框非常有用。

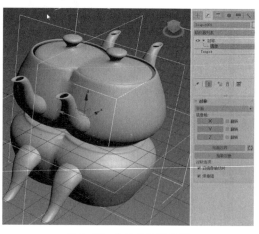

图 1-20　【对称】修改器

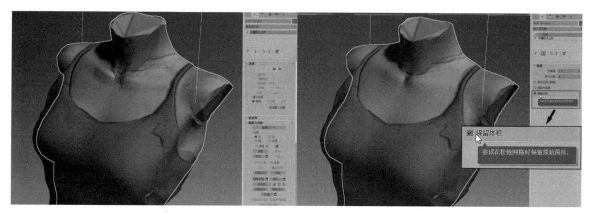

图 1-21　松弛修改器【保留体积】选项效果对比

5. 其他新功能

- 改进了【挤出】修改器，能快速挤出复杂的图形。
- 增强了自动平滑功能，使用平滑、切角、编辑网格、编辑多边形和 ProOptimizer 等修改器及许多其他功能时，可以在较短时间内生成新的平滑数据。在调整网格、多边形或样条线等对象类型的平滑数据时，这些改进还将提高性能。
- 选择【渲染】→【烘焙到纹理】命令，增加了 12 个预置的贴图，可简化频繁的烘焙操作。
- 提供了安全改进等。

1.1.3　3ds Max应用领域

3ds Max 从它诞生的那一天起，就受到了全世界无数三维动画制作爱好者的热情赞誉。它广泛应用于游戏动漫、影视、建筑设计、广告、多媒体制作、工业设计、辅助教学及工程可视化等领域。

1. 建筑表现

绘制建筑效果图是 3ds Max 系列产品最早的应用之一。除了静态效果图，其最核心的功能是制作三维动画或虚拟现实，这方面最新的应用是制作大型的电视动画广告、楼盘视频广告、宣传片（如北京申奥宣传片）等。

2. 室内设计或展示设计

与建筑表现类似，可用 3ds Max 绘制室内设计的效果图或漫游动画，让客户很直观地看到设计方案的最终效果，如图 1-22 和图 1-23 所示。

3. 影视动画

《阿凡达》《后天》《2012》等热门电影都引进了先进的 3D 技术。最早的 3ds Max 系列仅仅应用于制作精度要求不高的电视广告，现在随着 HDTV（High Definition Television，高清晰度电视）的兴起，3ds Max 毫不犹豫地进入这一领域，制作电影级的动画一直是其奋斗目标。现在，好莱坞大片中常常需要 3ds Max 参与制作。如图 1-24 所示就是一个影视动画场景。

4. 游戏美术

3ds Max 可大量应用于游戏的场景、角色建模和游戏动画制作。3ds Max 参与了大量的游戏制作，"古墓丽影"系列游戏就是 3ds Max 的杰作。

5. 其他领域

在工业设计中，可用 3ds Max 绘制产品外观造型设计图。对于现在的 3D 打印技术，其模型也可用 3ds Max 制作，如图 1-25 所示。

图 1-22　展场设计效果图

图 1-23　室内设计效果图

图 1-24　《杀牛》（作者：赵兴民）

图 1-25　3D 打印模型

1.1.4　三维效果图及三维动画绘制流程

三维效果图特别是三维动画的制作，是特别需要耐心的工作，尤其是一些大项目，往往需要几个月时间才能完成。在 CG 行业中，一般把三维效果图（包括静态的和动态的）分为前期、中期和后期三个流程，也叫作建模、渲染和后期处理，但在正式制作之前还有个准备工作。以三维效果图为例来说，先要准备好设计图纸，再根据设计图纸建模，然后进行渲染（渲染又包括材质/贴图、灯光、摄影机等流程），最后进行后期处理（后期处理主要是添加配饰品、美化处理），如图 1-26 所示。

图 1-26　三维效果图绘制流程

以上是三维效果图的绘制流程，简易到可以由一个人完成，而在大型公司，往往是一个团队负责其中一个流程，对于团队中的每个人来说，或许分工更细。

对于三维动画来讲，流程则要复杂一些。

首先，需要项目策划和脚本制作，好的故事需要好的剧本，好的剧本需要好的创意，这些是该阶段需要解决的问题；其次，需要建模，设置材质，进行绑定，制作动画，布上灯光；然后，需要进行分镜头渲染，加上特效；最后，进行合成、剪辑、输出。

1.1.5　绘图小贴士

在进行三维绘图之前，最好养成一个良好的习惯，对制图中容易出问题的关键地方有一个提前的认知。下面还是以绘制三维效果图为例，讲解各个流程中需要重点注意的地方。

1. 建模阶段

在 3ds Max 中，有很多建模方法，包括基本建模法、多边形建模法、网格建模法、NURBS 建模法等。而现代工作，除了讲质量之外，效率也是不得不考虑的问题，所以为了减少渲染时间，需要尽量减少模型的面数。因此，请注意以下几个方面。

（1）在建模时尽量不要用高级运算，建议采用【挤出】【车削】【倒角】【放样】等简单的修改命令完成。

（2）注意优化曲面模型的精度，看不到的面可以不绘制。

（3）建模时需要考虑渲染器。线扫描渲染对模型要求不高，若使用光能传递技术的渲染器，就对模型要求很高，如面数要少，尽量避免有交叉面、重叠面等。

2. 渲染阶段

3ds Max 2022 和 VRay 5 的材质编辑功能都非常强大，通过编辑几乎可以表现现实中的所有物体的质感，但需要注意以下几点。

（1）有些模型经过建模编辑后，贴图会出现错误甚至消失，这时就需要指定贴图坐标。

（2）摄影机的构图最好用九宫格构图法，焦距需合适。

（3）在建模中尽量减少渲染次数，这样从透视图中就能看出大致效果。即使渲染也是先渲染草图，待效果满意了再出大图。

3. 后期处理阶段

这时的主要任务是美化效果图，室内主要是调整色彩，室外则是配景。需要注意的是，调整的思路是先调亮度，再调色彩，最后调其他的。

3ds Max 2022界面与视图介绍

1.2.1 工作界面简介

启动并进入 3ds Max 2022 中文版系统后，即可看到如图 1-27 所示的初始界面。主要包括以下几个区域：标题栏、菜单栏、主工具栏、视图区、命令面板、视图控制区、动画控制区、状态栏和轨迹栏等。3ds Max 2022 界面各区域简介如表 1-1 所示。

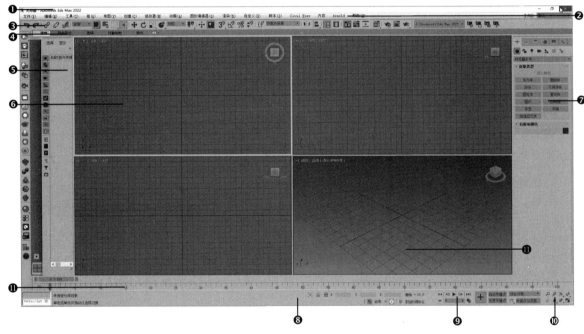

图 1-27　3ds Max 2022 界面简介

表 1-1　3ds Max 2022 界面各区域简介

区域	简介
❶标题栏	显示文件名，最右边可进行最小、还原、关闭操作
❷菜单栏	位于标题栏下方，按 3ds Max 功能分组排列的命令集合
❸主工具栏	将菜单中常用的命令用按钮的形式显示出来，可以快速访问常用的工具或命令
❹功能区	即石墨工具，是从 3ds Max 2010 版开始增加的，有【建模】【自由形式】【选择】【对象绘制】【填充】五个选项卡。其中，【建模】是多边形建模的一个增强工具，为多边形建模带来了很大方便
❺场景资源管理器	不仅可以很方便地查看、排序、过滤和选择场景中的对象，还可以重命名、删除、隐藏和冻结场景中的对象
❻视图区	是工作场地，默认分为 4 个视口，有三个正交视图和一个透视图，当前视口外有一个黄色线框

续表

区域	简介
❼命令面板	包含制图过程中的各种命令，它是按树状结构层级排列的
❽状态栏	显示当前的坐标、栅格、命令提示等信息
❾动画控制区	主要对动画的记录、播放、关键帧锁定等进行控制
❿视图控制区	能对视图进行缩放、平移、旋转等操作
⓫轨迹栏	可显示选定动画的关键帧并可直接编辑，如复制、移动、删除关键帧等

1.2.2　命令面板介绍

3ds Max 命令面板包含创建、修改、层次、运动、显示、实用程序等6个子面板，如图1-28所示。

1.【创建】面板

【创建】面板可创建三维几何体、二维图形、灯光、摄影机、辅助对象、空间扭曲和系统，每个类型又分为若干子类型，如图 1-29 所示。选择想要的对象，在视口中拖拉即可创建。

2.【修改】面板

【修改】面板可以有两方面的修改：一是修改创建参数，如图 1-30 所示，对于创建好了的对象，可以修改其长度、宽度、高度及分段数；二是可以添加各种修改器进行其他修改，如图 1-31 所示。

图 1-28　3ds Max　　图 1-29　3ds Max 创建　　图 1-30　修改创建参数　　图 1-31　添加修改器
命令面板　　　　　几何体面板

技能拓展

①修改创建参数时，可以按上下光标进行切换。

②由于修改器很多，可把常用的定制为面板。方法是：单击【配置修改器集】按钮▦→打开【配置修改器集】对话框→设置【按钮总数】→把左边常用的修改器拖到右边→单击【配置修改器集】按钮▦→单击【显示】按钮即可，如图 1-32 和图 1-33 所示。

图 1-32 【配置修改器集】对话框

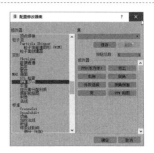

图 1-33 修改器集配置完成

3. 其他面板

本节讲的命令面板除了使用频率最高的【创建】和【修改】面板外，还有【层次】面板、【运动】面板、【显示】面板和【实用程序】面板。

【层次】面板主要调整坐标轴和 IK（Inverse Kinematics，反向运动）;【运动】面板主要是在做动画时使用，绘制静帧效果图时用不到;【显示】面板主要控制场景中对象的显示、隐藏与冻结;【实用程序】面板提供了很多实用工具。读者可自行查看，在后面的实例中会有相关的操作演示。

1.2.3 用户界面定制

3ds Max 是一个开放性的软件，除了支持众多的插件之外，在界面上也可根据个人喜好和习惯来定制。具体操作步骤如下。

步骤 01 显示 UI。在菜单栏中选择【自定义】→【显示 UI】命令，其下有【命令面板】【功能区】【共享视图】【时间滑块】【浮动视口】【主工具栏】【浮动工具栏】等 7 个命令，可以根据需要设定。

步骤 02 自定义用户界面。在菜单栏中选择【自定义】→【自定义用户界面】命令，如图 1-34 所示。在弹出的对话框中，用户可对【鼠标】【工具栏】【四元菜单】【菜单】【颜色】等进行自定义，如图 1-35 所示。

图 1-34 【自定义用户界面】命令

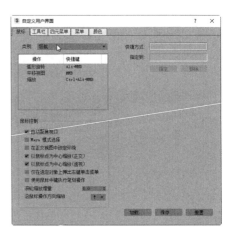

图 1-35 【自定义用户界面】对话框

步骤 03 其他界面命令。自定义用户界面后，可以用【保存自定义用户界面方案】命令将其保存为界面方案文件（*.UI）。以后若是要用，则用【加载自定义用户界面方案】命令载入；还可用【还原为启动 UI 布局】命令进行复位。为了方便切换界面，可用【自定义默认设置切换器】命令，另外，为了避免误操作，还可以用【锁定 UI 布局】命令锁住布局。

1.2.4 视图与视口控制技巧

熟练地控制视图是运用图形图像软件的一项基本功，不同于二维软件，3ds Max 有多个视图，下面就从视图、视口及其控制技巧几个方面来简述一下。

1. 视图的类别

根据投影绘图法，视图分为正投影视图和斜投影视图。简单地说，正投影视图就是从上下、左右、前后 6 个特殊的角度去观察，而斜投影视图则是从通常角度观察。3ds Max 的 4 个视口由 3 个正投影视图加上 1 个非正投影视图组成，其中默认情况下，顶底、左右、前后分别取前者（顶、左、前），非正投影视图为透视图，如图 1-36 所示。

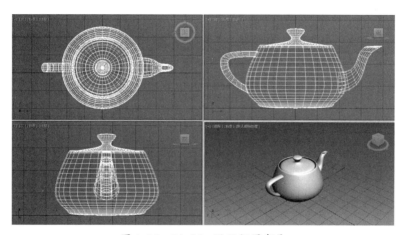

图 1-36 3ds Max 默认视图布局

温馨提示

切换视图的方法有以下三种。

①单击视图右上方的【视立方（ViewCube）】按钮上的箭头，按住左键拖动，则可实现三维动态观察。

②单击视图左上方的视图名称，然后选择要切换的视图即可。

③推荐直接使用快捷键，一般是英文的首字母。例如，顶的英文是 Top，切换到顶视图的快捷键即是【T】键；同样，左视图为【L】键，前视图为【F】键，透视图为【P】键，摄影机视图为【C】键。

2. 视口的操作

视图是装在视口里的，默认是 4 个视口，也可以是 1～3 个。可以将鼠标光标放于视口边缘拖拉来确定视口的大小，也可以根据个人使用习惯或实际需要来设置视口。方法和步骤如下。

单击视图名称左边的【+】按钮→选择【视口配置】命令→打开【视口配置】对话框→选择【布局】

选项卡，选择一种布局样式即可，如图 1-37 所示。还可以在视口图像中单击重新选择视图类型，如图 1-38 所示。

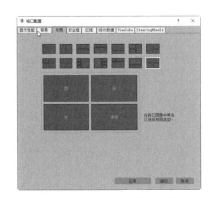

图 1-37 【视口配置】对话框

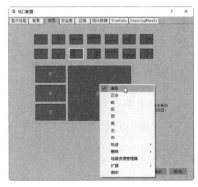

图 1-38 在【布局】选项卡中选择视图

3. 视图控制技巧

视图控制的方法有两种，最基本的是在视图控制区单击相应的图标按钮。

【缩放工具】：在当前视口内，按住鼠标左键拖则缩小，推则放大。

【缩放所有视图工具】：用法与【缩放工具】相似，只不过是针对所有视口。

【最大化显示】：单击视口后，将所有对象在当前视口最大化显示。

【所有视图最大化显示】：用法与【最大化显示】工具相似，只不过是针对所有视口。

【最大化显示选择对象】：选择某对象后，单击此图标，该对象就会在当前视口最大化显示。

【所有视图最大化显示选择对象】：用法与【最大化显示选择对象】工具相似，只不过是针对所有视口。

【缩放区域】，指通常说的"窗口缩放"。单击此图标，在视图中拖一矩形窗口，则会放大到矩形窗口大小。

【平移视图】：单击此图标，在视图中按住鼠标左键拖动即可。

【环绕】：单击此图标，在视图中即可实现三维动态观察场景。

【环绕选定对象】：用法同【环绕】工具，不同的是其环绕中心变为选定的对象。

【环绕子对象】：用法同【环绕】工具，不同的是其环绕中心变为选定的子对象。

【环绕观察关注点】：用法同【环绕】工具，不同的是其环绕中心变为第一次单击的点。

【最大化视口切换】：单击此图标，则可把当前视口最大化显示，再次单击则还原。

技能拓展

以上是视图控制的基本方法，而制图中更能提高效率的毫无疑问是键盘，下面就讲述一下控制视图的快捷键。

①鼠标控制方法：滚动鼠标中轮可以以光标为中心缩放，按住中轮则可平移视图。

②缩放：【Alt+Z】。

③最大化显示：【Alt+Ctrl+Z】。

④所有视图最大化显示：【Shift+Ctrl+Z】。

⑤最大化显示选择对象：【Z】。

⑥缩放区域：【Ctrl+W】。

⑦环绕：【Ctrl+R】。

⑧平移：【Ctrl+P】。

⑨最大化视口：【Alt+W】。

1.2.5　显示模式

3ds Max 2022 提供了很多种显示模式，视图名称右侧显示的就是当前显示模式，只要单击显示模式就会弹出如图 1-39 所示的菜单，上面就会列出所有显示模式；图 1-40 则列出了这些模式下的部分显示效果。需要说明的是，显示效果与显示速度是成反比的，显示效果越好，刷新速度越慢，反之则越快。因此，在保证工作效率的前提下，一般将三个正投影视图设为【线框覆盖】模式，仅将透视图设为【默认明暗处理】模式。

图 1-39　3ds Max 2022 显示模式　　　　图 1-40　3ds Max 2022 部分显示效果

技能拓展

除了单击显示模式在弹出的菜单中选择需要的模式外，常用的模式还可以通过快捷键来设置。

①【线框覆盖】模式与当前显示模式的切换：【F3】。

②当前显示模式+【边面】模式：【F4】（这种模式在编辑多边形时非常重要）。

课堂范例——定制个性界面

这里以一个绘制效果图的界面为例，讲解界面的定制方法。

步骤01　在菜单栏中选择【自定义】→【显示UI】命令，在【显示UI】子菜单中取消选中【时间滑块】和【功能区】复选框，让视图编辑区更宽阔，如图 1-41 所示。

步骤02　右击【ViewCube】图标，在弹出的快捷菜单中选择【配置】命令，在弹出的对话框内选择【ViewCube】选项卡，取消选中【显示 ViewCube】复选框，让视图更加简洁，并且可以避免误操作，如图 1-42 所示。

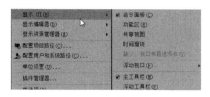

图 1-41　设置【显示 UI】

图 1-42　隐藏 ViewCube

步骤 03　在菜单栏中选择【自定义】
→【热键编辑器】命令，在弹出的【热键编辑器】对话框中，以【阵列】命令为例，学习自定义快捷键。如图 1-43 所示，在搜索栏输入"阵列"，然后选择【阵列】选项，设一个快捷键如【Shift+R】（注意一定要

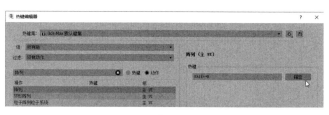

图 1-43　自定义快捷键

未显示"冲突"，否则快捷键会冲突），单击【指定】按钮，然后保存即可。其他快捷键可如法炮制。

步骤 04　在菜单栏中选择【自定义】→【自定义用户界面】命令，在弹出的对话框中选择【四元菜单】选项卡，单击【四元菜单】的右上角使之变为黄色▇（意即把菜单定义到右上角），找到【按点击冻结】命令，然后按住鼠标左键将其拖动到如图 1-44 所示的位置（完成后右击就会有此菜单）。其他四元菜单的增删可如法炮制。

步骤 05　其他的选项卡都可以根据个人习惯或需要定制。关闭刚刚的【自定义用户界面】对话框，在菜单栏中选择【自定义】→【保存自定义用户界面方案】命令，在弹出的【自定义方案】中选中要保存的复选框，单击【确定】按钮，如图 1-45 所示，即完成自定义界面。

图 1-44　自定义【四元菜单】

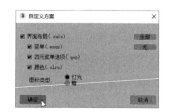

图 1-45　保存自定义用户界面方案

步骤 06　若界面被改过，可以在菜单栏中选择【自定义】→【加载自定义用户界面方案】命令或在菜单栏中选择【自定义】→【自定义默认设置切换器】命令来加载或切换。

1.3 坐标及变形盒

为了便于应对建模中的复杂情况，3ds Max 2022 为用户提供了 10 种坐标系统和 3 种坐标中心，有了它们，建模变得更方便且精确。

1.3.1 坐标系统

为了制图的便利，在 3ds Max 2022 中有多种坐标系统，在主工具栏上单击 视图 ▼ 下拉按钮即可选择需要的坐标系统。其各个坐标系统的原理如下。

1.【世界】坐标系统

在 3ds Max 2022 中，从前方看，X 轴为水平方向，Z 轴为垂直方向，Y 轴为景深方向。这个坐标轴向在任何视图中都固定不变，所以以它为坐标系统固定在任何视图中都有相同的操作效果。

2.【屏幕】坐标系统

各视图中都使用同样的坐标轴向，X 轴为水平方向，Y 轴为垂直方向，Z 轴为景深方向，即把计算机屏幕作为 X、Y 轴向，计算机内部延伸为 Z 轴向。

3.【视图】坐标系统

这是 3ds Max 2022 的内定坐标系统。它其实就是【世界】坐标系统和【屏幕】坐标系统的结合，在正投影视图（如顶视图、前视图、左视图等）中使用【屏幕】坐标系统，在透视图中使用【世界】坐标系统。

4.【父对象】坐标系统

【父对象】坐标系统与后面的【拾取】坐标系统功能相似，但这种坐标系统针对的是所连接物体的父对象，也就是说，连接对象后，子对象以父对象的坐标系统为准。

5.【局部】坐标系统

这是一个很有用的坐标系统，它是物体自身拥有的坐标系统。例如，要将斜板沿它的自身倾斜角度上斜或下滑时，必须要用到这个坐标系统。

6.【栅格】坐标系统

在 3ds Max 2022 中有一种可以自定义的网格物体，无法在着色中看到，但具备其他物体属性，主要用来做造型和动画的辅助，【栅格】坐标系统就是以它们为中心的坐标系统。

7.【拾取】坐标系统

这种坐标系统是由用户设定的，它取自对象自身的坐标系统，即【局部】坐标系统，可以在一个对象上使用另一个对象的【局部】坐标系统，这样非常便捷。在后面的实例中会用到。

8.【万向】坐标系统

这种坐标系统仅用于旋转对象，旋转后各个坐标轴可以不两两垂直，如图 1-46 所示。

9. 【工作】坐标系统

这种坐标系统需在【层次】面板中先单击【编辑工作轴】按钮，再单击【使用工作轴】按钮后，坐标轴即变为【工作】坐标系统，如图 1-47 所示。

图 1-46 【万向】坐标系统　　　　　　　　　图 1-47 【工作】坐标系统

10. 【局部对齐】坐标系统

当在可编辑网格或多边形中使用子对象时，局部仅考虑Z轴，这会导致沿X轴和Y轴的变换不可预测。【局部对齐】坐标系统使用选定对象的坐标系来计算X轴、Y轴及Z轴。当同时调整具有不同面的多个子对象时，这可能很有用。

1.3.2　坐标中心

在 3ds Max 2022 中，除了有丰富的坐标系统，还有三种坐标中心，这样制作动画或效果图就更加得心应手，这三种坐标中心的简介如下。

（1）【使用轴点中心】，即通常说的"使用各自中心"，在变换时以其【局部】坐标系统中心为准，如图 1-48 所示。

（2）【使用选择中心】，即通常说的"使用共同中心"，把所选择的对象当作一个对象，然后以其几何中心为中心，如图 1-49 所示。

（3）【使用变换坐标中心】，即通常说的"使用设定中心"，当改变坐标系统后，再切换至此中心，将会以改变后的坐标中心为准，如图 1-50 所示。

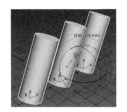　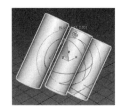　

图 1-48 【使用轴点中心】　　图 1-49 【使用选择中心】　　图 1-50 【使用变换坐标中心】

1.3.3　变形盒操作技巧

变形盒，即变换Gizmo，是视口图标，当使用鼠标变换选择时，使用它可以快速选择一个或两个轴。通过将鼠标指针放置在图标的任一轴上来选择轴，然后拖动鼠标沿该轴变换选择。此外，当移动或缩放对象时，可以使用其他 Gizmo 区域同时执行沿任何两个轴的变换操作。使用 Gizmo 无须先在【轴约束】工具栏上指定一个或多个变换轴，同时还可以在不同变换轴和平面之间快速而轻松地进行切换。只要是选择并移动、旋转和缩放，都可以很容易地变换，如图 1-51 ~ 图 1-53 所示。

图 1-51　移动 Gizmo

图 1-52　旋转 Gizmo

图 1-53　缩放 Gizmo

温馨提示

①变形盒的红、绿、蓝色箭头分别对应着锁定 X、Y、Z 轴，而黄色轴则表示锁定轴向。

②有时开启变形盒反而影响操作（如编辑贝塞尔节点时），这时可以在菜单栏中选择【文件】→【首选项】命令，在弹出的对话框中选择【Gizmos】选项卡，取消选中【启用】复选框，将其关闭。这时如何锁定轴向呢？方法是：分别按【F5】【F6】【F7】键就能锁定 X、Y、Z 轴；按【F8】键则可以锁定面，按第一次锁定 XY 面，按第二次锁定 YZ 面，按第三次锁定 XZ 面，如此循环。

③变形盒的大小是可以调节的，最简捷的方法是按【+】键增大，按【-】键缩小。

1.3.4　调整轴

一般来说，对象的坐标位置是创建时就设定好了的。即使能改变坐标中心，也并非可以随意改变。若改变坐标系统、坐标中心都达不到满意的效果，则可用【调整轴】的方法来实现。例如，要将"茶壶"几何体的坐标中心改到其几何中心或其他任何位置，我们就可以这样操作。

调整轴到几何中心：在【层次】面板中单击【仅影响轴】按钮，再单击【居中到对象】按钮，坐标就调整到了其几何中心，如图 1-54 所示，然后再单击【仅影响轴】即可。

调整轴到任意位置：在【层次】面板中单击【仅影响轴】按钮，然后按快捷键【W】切换到【选择并移动】按钮，锁定 Z 轴，拖到壶盖顶部，再按快捷键【E】切换到【选择并旋转】按钮，锁定 Z 轴，任意旋转一定角度，如图 1-55 所示，然后再单击【仅影响轴】按钮即可。

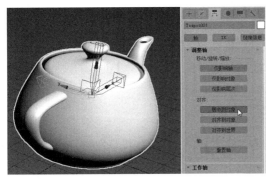

图 1-54　调整轴到几何中心

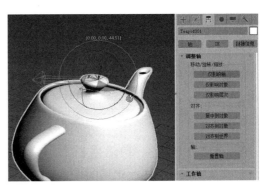

图 1-55　调整轴到任意位置

课堂问答

通过本章的讲解，相信大家对 3ds Max 2022 的特点及应用、发展概况、视图、视口和坐标系统等有了一定的了解，下面列出一些常见的问题供学习参考。

问题 1：为什么视口名称会变为"正交"？

答：一定是因为有意或无意环绕观察了正投影视图。需要注意的是，【环绕】命令（快捷键【Ctrl+R】）原则上只能在【透视图】中使用。如果在正投影视图中使用，就会变成"正交"视图，就不能准确地绘图。若非有意在正投影视图中使用【环绕】命令，则极有可能是对【ViewCube】的误操作，建议将其关闭，方法参照"课堂范例"中的步骤 02。

遇到此种情况，可按相应的视图切换快捷键将视图切换回去。

问题 2：命令面板、主工具栏、状态栏等同时隐藏了，是怎么回事？

答：这是无意间按了快捷键【Alt+Ctrl+X】切换到了"专家模式"。所谓"专家模式"就是隐藏了命令面板、主工具栏和状态栏，几乎全是快捷键操作，只需再按一次快捷键【Alt+Ctrl+X】即可。

上机实战——绘制双杠

通过本章的学习，为让读者巩固本章知识点，下面讲解一个技能综合案例，使大家对本章的知识有更深入的了解，效果如图 1-56 所示。

效果展示

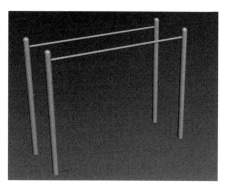

图 1-56 双杠效果

思路分析

这是一个仅用基本几何体就能搭建的简单场景，柱子和横杆都用【圆柱体】创建，顶部用【球体】创建。

制作步骤

步骤 01 在顶视图中，在【创建】面板中单击【圆柱体】按钮，按住鼠标左键拖出一个圆形，然后松开鼠标左键拖出一定高度再单击，接着在【修改】面板中的【参数】卷展栏中输入如图 1-57 所示的尺寸。

步骤02 继续在【创建】面板中单击【球体】按钮，选中【自动栅格】复选框，在圆柱体上按住鼠标左键拖出一个圆形，接着在【修改】面板中的【参数】卷展栏中输入如图 1-58 所示的尺寸。

步骤03 按快捷键【W】切换到【选择并移动】按钮✛，选择圆柱体和球体，按住【Shift】键锁定 X 轴拖动一段距离（在状态栏上看 X 数量大约为 1500）松开鼠标左键，在弹出的对话框中按默认设置复制 1 个，如图 1-59 所示，然后单击【确定】按钮。

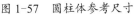

图 1-57 圆柱体参考尺寸

图 1-58 球体参考尺寸

图 1-59 复制对象

步骤04 在前视图中，在【创建】面板中单击【圆柱体】按钮，在接近柱端的位置创建一个圆柱，参数如图 1-60 所示。切换到顶视图，锁定 X 轴移动到两个柱子之间，如图 1-61 所示。

图 1-60 创建圆柱

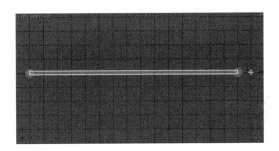

图 1-61 移动圆柱

步骤05 在顶视图中按快捷键【W】切换到【选择并移动】按钮✛，选择圆柱体和球体，按住【Shift】键锁定 Y 轴拖动一段距离（在状态栏上看 Y 数量大约为 500）松开鼠标左键复制 1 个，如图 1-62 所示。双杠模型创建完成，效果如图 1-63 所示。

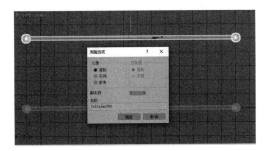

图 1-62 复制单杠

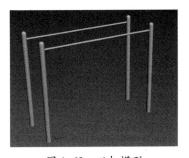

图 1-63 双杠模型

同步训练——绘制楼宇导视牌

通过上机实战案例的学习，为了增强读者的动手能力，下面安排一个同步训练案例，以让读者达到举一反三、触类旁通的学习效果。绘制楼宇导视牌的流程如图 1-64 所示。

图解流程

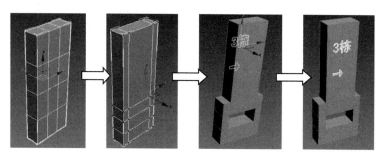

图 1-64　楼宇导视牌建模流程

思路分析

本例可以用 3ds Max 2022 新增的智能挤出功能来完成。先用【长方体】绘制整体，再细分出基座和信息区，然后再转为可编辑多边形，并选择相关的多边形智能挤出。最后创建文字，挤出一定厚度后放上去即可。

关键步骤

步骤 01　在前视图中创建一个长方体，参数如图 1-65 所示。

步骤 02　选择长方体并右击，在弹出的快捷菜单中选择【转换为：】→【转换为可编辑多边形】命令，按快捷键【1】进入顶点子对象，在前视图逐个框选第 2、3、4 行顶点，锁定 Y 轴移动到如图 1-66 所示的位置。用同样的方法选择第 2、3 列顶点，锁定移动如图 1-67 所示。

步骤 03　按快捷键【4】进入多边形子对象，选择不需要的面，如图 1-68 所示。

图 1-65　绘制长方体

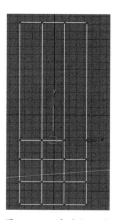

图 1-66　移动行顶点

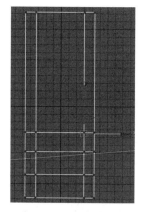

图 1-67　移动列顶点

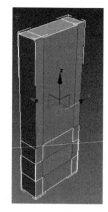

图 1-68　选择多边形

步骤 04　按住【Shift】键锁定 Y 轴拖动，到超过长方体厚度时松开左键，如图 1-69 所示。选择信息面板的两个面，单击【插入】后面的设置按钮，插入 30，如图 1-70 所示，单击☑按钮确定。

步骤 05　单击【倒角】后面的设置按钮，设置高度为-10，轮廓为-1，如图 1-71 所示，单击☑按钮确定。

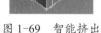

图 1-69　智能挤出

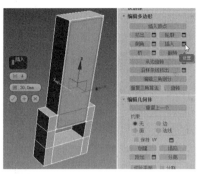

图 1-70　插入多边形

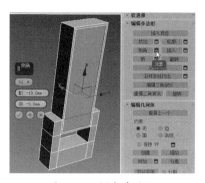

图 1-71　倒角多边形

步骤 06　单击【创建】面板→【图形】图标→【文本】按钮，在前视图创建如图 1-72 所示的文本。在【修改】面板的【修改器列表】下拉列表里选择【挤出】修改器，设置数量为 10，如图 1-73 所示。

步骤 07　在顶视图中锁定 Y 轴将文本移到信息面板前面，如图 1-74 所示，切换到透视图，楼宇导视牌模型创建完成。

图 1-72　创建文本

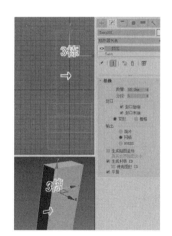

图 1-73　挤出文本

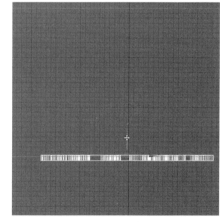

图 1-74　移动文本

知识能力测试

一、填空题

1. 在 3ds Max 2022 中可使用＿＿＿＿＿、＿＿＿＿＿、＿＿＿＿＿三种中心进行绘图。

2. 在 3ds Max 2022 中将线框模式与真实模式相互切换的快捷键是＿＿＿＿＿，带边面显示的快捷键是＿＿＿＿＿。

3. 将变形盒 Gizmo 变大的快捷键是 _____，锁定 Y 轴向的快捷键是 _____。

4. 切换到顶视图、前视图、左视图、透视图的快捷键分别是 _____、_____、_____、

_____。

二、选择题

1. 视图坐标系统是以下哪两个坐标系统的组合？（　　　）

A.【万向】+【工作】　　B.【世界】+【屏幕】　　C.【父对象】+【局部】　D.【世界】+【拾取】

2. 切换到摄影机视图的快捷键是（　　　）。

A. L 　　　　　　　　B. Shift+4 　　　　　　C. C 　　　　　　　　D. T

3. 在所有视图最大化显示所有对象的快捷键是（　　　）。

A. Alt+Shift+Z 　　　B. Shift+Ctrl+Z 　　　C. Z 　　　　　　　　D. Shift+Z

4.【环绕】命令最好只在透视图中使用，其快捷键是（　　　）。

A. R 　　　　　　　　B. Ctrl+R 　　　　　　C. Shift+R 　　　　　D. Alt+R

5. 3ds Max 的应用领域有哪些？（　　　）

A. 建筑表现 　　　　　B. 影视动画 　　　　　C. 游戏动漫 　　　　　D. 以上都是

6.【最大化视口】命令的快捷键是（　　　）。

A. Alt+W 　　　　　　B. W 　　　　　　　　C. Ctrl+W 　　　　　D. Shift+W

三、判断题

1. 在保证效果的前提下，模型的面数越少越好。　　　　　　　　　　　　　　　（　　　）

2. 在【正交】视图里也能够精确绘制图形。　　　　　　　　　　　　　　　　　（　　　）

3. 定义快捷键时可以任意设置快捷键，即使提示"冲突"也行。　　　　　　　　（　　　）

4. 3ds Max 2022 可以安装在 32 位的 Windows 7 以上系统。　　　　　　　　　（　　　）

5. 3ds Max 的视口只能是 4 个。　　　　　　　　　　　　　　　　　　　　　（　　　）

四、简答题

1. 绘制三维效果图的一般流程是什么？

2. 3ds Max 2022 新增的主要功能有哪些？

3ds Max 2022

第2章
3ds Max入门操作

这一章主要介绍 3ds Max 2022 的基础操作，包括文件操作、场景管理、对象选择与变换、对齐、捕捉、镜像与阵列、快速渲染等。读者一方面需要熟悉 3ds Max 2022 的基本工作方式，另一方面更要理解其中所包含的诸多概念和原理，这些知识对于初学者而言是有重要意义的。

学习目标

- 熟悉文件的常规操作
- 熟练运用【隐藏】【冻结】【群组】等命令管理场景
- 使用合适的方法快速准确地选择对象
- 掌握对齐对象的技巧
- 熟悉阵列与间隔工具的使用
- 能快速渲染草图

2.1 文件的基本操作

在菜单栏的【文件】菜单中包含了众多命令，我们在这里了解其中的一些常用命令。

2.1.1 新建与重置文件

图 2-1　3ds Max 2022
【新建】命令

3ds Max 2022 的【新建】命令有两个子命令，如图 2-1 所示，可根据具体情况新建场景文件。默认情况下是【新建全部】（快捷键【Ctrl+N】）。

【重置】命令用于重置 3ds Max 2022 程序，实际上用于重新打开 starup.max 默认文件，并不会修改界面的工具栏布置。

2.1.2 打开与关闭文件

打开文件命令有两个。默认情况下是【打开】命令（快捷键【Ctrl+O】），用于打开现有文件；【打开最近】命令用于打开最近使用的文件（这个列表记录在 3ds Max.ini 文件里）。

关闭文件时，一般单击【关闭】按钮×，或选择【文件】→【退出】命令。

2.1.3 保存文件

保存文件选择【保存】命令（快捷键【Ctrl+S】）即可，在弹出的对话框里可以选择低版本，如图 2-2 所示，但仅限于 3ds Max 2019 以上版本，若是要所有版本都能打开，就只能用【导出】命令。

【另存为】命令与【保存】命令相似，它可以另外保存而不覆盖当前文件。【保存副本为】命令与【另存为】命令不同，这个命令并不改变当前使用的场景，而是相当于把当前场景文件复制一份。【保存选定对象】命令仅用于把选中的物体保存出去，实际也会保存当前场景的一些整体设置参数，如渲染和材质编辑器，这个保存命令同样不改变当前使用的场景，如图 2-3 所示。

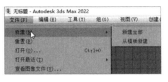

图 2-2　3ds Max 2022【保存】文件对话框　　　图 2-3　3ds Max 2022 保存文件系列命令

需要特别强调的是【归档】命令。前面讲的所有保存命令都只能保存非外部文件，若有位图贴图、光域网等，在第三方计算机打开时就会丢失。要解决这一问题，就可用【归档】命令，它可以把与文件有关的所有外部文件打包压缩成一个 ZIP 文件，待解压后打开外部文件路径即可。

2.1.4 导入与导出

对于非 .max 或 .chr 文件，则需要【导入】命令输入，如图 2-4 所示。例如，AutoCAD 图纸（DWG

格式）和 AI 格式是绘制效果图导入频率非常高的两种格式。若是需要把另外的场景和模型导入进来，则需用【合并】命令；若不需要当前的场景，可用【替换】命令直接替换为另外的场景，也可将 Revit、FBX、AutoCAD 文件的链接插入当前文件。

同样，其他相关软件也不能直接打开 .max 或 .chr 文件，要想与其他软件有效地进行数据交换，就可用【导出】命令，如图 2-5 所示。

图 2-4　3ds Max 2022 导入系列命令

图 2-5　3ds Max 2022 导出系列命令

2.1.5　参考

这里要重点提到的是两个参考命令，它们是关于载入外部参考的 max 场景文件的命令，如图 2-6 所示。

【外部参照场景】命令用于使外部场景的物体只能看而不能选择。【外部参照对象】命令可使外部物

图 2-6　3ds Max 2022 参考系列命令

体进行移动而做动画，或修改材质等属性，但是不能修改其形状。【参考】命令相当于把多个 .max 文件链接到一起，每个文件又保持独立性。比如，A 和 B 两个人共同制作一个包含众多建筑和植物的动画场景，那么 A 可以先建立一个 build.max 文件并开始制作建筑模型，B 也建立一个 all.max 文件并通过【外部参照场景】命令把 build.max 文件外置进来。这样 B 就能在制作 all.max 的同时看到 A 制作的建筑模型，并且可以通过【更新】按钮来查看 A 新制作的建筑模型。

温馨提示

【参考】命令的优点如下。

①文件小。特别是场景里有很多复制的模型时，使用【参考】命令再复制对象比使用【合并】命令再复制对象的文件小很多。例如，绘制一个教室场景，包含有几十套相同的桌椅，就可建一个教室主场景文件，再建一个桌椅文件，回到主场景，然后将桌椅用【参考】命令再复制或阵列。

②有关联。接着上面的例子，若是桌椅需要编辑，只需要打开桌椅文件进行修改，再选择【保存】命令进行保存。对于主场景，只需要执行一下【更新】命令即可。

③效率高。就像前面所举例的动画场景一样，可以由 A 和 B 两个人合作完成。需要注意的是，【参考】命令不可循环，即 B 可以看到 A，但 A 看不到 B。

2.1.6　其他操作

【发送到】命令可以将对象发送到 Maya、Motion Builder、Mudbox 等外部应用程序。

【文件属性】命令可以编辑当前文件的摘要信息或显示打开文件的摘要信息。

这里重点讲述一下【首选项设置】对话框。通过【文件】菜单和【自定义】菜单都能打开【首选项设置】对话框，如图 2-7 所示。例如，在【文件】选项卡里，可设置【文件】菜单中最近打开的文件数量、是否启用自动备份、备份间隔（分钟）等。

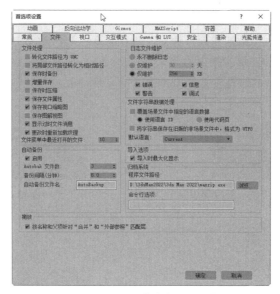

图 2-7 3ds Max 2022【首选项设置】对话框

2.2 场景管理

一个 3ds Max 的场景往往包含了太多的对象：太多的几何体，太多的灯光，太多的图形，太多的摄影机……如果要提高工作效率，我们就必须努力把精神集中到那些需要我们修改变更的物体上，同时减少其他物体带来的干扰。

2.2.1 群组对象

用户如需对多个对象同时进行相同的操作，可以考虑将这些对象群组成一个整体。对象被群组后，群组中的每个对象仍然保持其原有属性。移动群组对象时各对象之间的相对位置也保持不变。

- 建组：需要群组对象时，先选择要群组的对象，然后选择【组】菜单下的【组】命令即可，如图 2-8 所示。
- 解组：选择群组对象，选择【组】菜单下的【解组】命令即可。
- 打开和关闭：群组后原则上是一个组作为一个整体对象被编辑，但在不解组的情况下编辑组内对象，就可用【打开】命令，编辑完毕后选择【关闭】命令则又恢复到群组状态。
- 附加与分离：先把两个以上的对象群组，在选择单个对象的时候【附加】命令被激活，此时选择【附加】命令就能把新选择的对象

图 2-8 【组】菜单

添加到组中。【分离】命令则是选择群组对象，执行【打开】命令后选择组内的某一对象，再执行【分离】命令，这个物体就从组中分离出来。要是操作顺序不对，有些菜单命令不

会被激活。

- 集合：最适用于诸如照明设备的关节模型；角色集合专门用于建立两足动物角色的模型。一般情况下都用【组】命令而非【集合】命令。

温馨提示

①群组可嵌套，即群组对象可以和其他对象再次群组。

②【解组】命令只能解散上一次群组，若要一次性解散所有群组，则用【炸开】命令。

2.2.2 显隐与冻结对象

对于对象的管理，其实需要做的主要是分类和分组。通过分类和分组就可以很容易地把需要的对象选择出来，而把其他对象随时隐藏或冻结。【隐藏】命令可以把多余的复杂物体进行隐藏，可以大大加快视口的刷新速度，进而提高效率。冻结某些对象，一方面可以避免错误选择物体，另一方面仍然可以使其可见，进而用于参考。比如，冻结物体仍然是可以捕捉的。当然，冻结也有利于加快视口刷新，但不如隐藏刷新速度快。

我们可以简单地从视口右键的四元菜单右上部访问【隐藏】或【冻结】命令，如图 2-9 所示。

- 【隐藏选定/未选定对象】：把选中或未选中的对象隐藏起来。
- 【全部取消隐藏】：不隐藏或显示全部对象。
- 【按名称取消隐藏】：打开一个关于所有处于隐藏状态对象的列表，可以选择其中一些并显示出来。
- 【冻结当前选择】：冻结选择对象。
- 【全部解冻】：解冻所有冻结对象。

图 2-9 显示四元菜单

在【显示】面板中还有一个仅解冻部分对象的命令，如【按名称解冻】或【按点击解冻】命令。【显示属性】卷展栏包含了很多类似物体右键属性面板里的一些显示属性，如【透明】【显示为外框】【背面消隐】等选项。另外，还有关于对象颜色显示的【显示颜色】选项和关于链接关系显示的【显示链接】选项。

技能拓展

①单独显示对象（孤立当前选择对象）的快捷键为【Alt+Q】（此显示模式在制图后期或对象繁多时常用）。

②分类隐藏的快捷键是【Shift】+ 该类别的英文首字母，故隐藏几何体、图形、灯光、摄影机的快捷键分别是【Shift+G】【Shift+S】【Shift+L】【Shift+C】。

③显隐网格，快捷键为【G】。

2.2.3 3ds Max的层

3ds Max 的层和 AutoCAD 的层是一样的概念，也类似于 Photoshop 的层。用户可以在主工具栏的空白处右击，在弹出的快捷菜单中选择【层】命令来打开【层】工具栏，如图 2-10

图 2-10 【层】工具栏

所示。【层】工具栏的简介如表 2-1 所示。

表 2-1 【层】工具栏简介

区域	简介
❶切换到层资源管理器	单击此按钮则弹出如图 2-11 所示的【层资源管理器】窗口
❷隐藏图层	隐藏当前图层
❸冻结图层	冻结当前图层
❹可渲染图层	激活此按钮就不会渲染当前图层
❺层颜色	修改当前图层的颜色（不影响层内物体）
❻新建层	新建一个图层
❼将当前选择添加到当前层	选择对象后切换到当前层，再单击此按钮可将选择对象添加到当前层
❽选择当前层中的对象	选择当前图层的所有对象
❾设置当前层为选择的层	设置当前层为选择的层

　　层是一个相当重要的工具，我们可以把不同类型的物体，如建筑、景观、汽车和植物等放入不同的层，然后随时按层选择出来进行修改。

图 2-11 【层资源管理器】窗口

2.3 选择对象

　　从某种意义上说，建模就是选择的技巧。3ds Max 2022 提供了多种选择模式，在主工具栏里有一段选择按钮区，分别是【选择过滤器】【选择对象】【按名称选择】【矩形选择区域】【窗口 / 交叉】【选择并移动】【选择并旋转】【选择并均匀缩放】【选择并放置】等按钮。这里主要从基本选择方法、按名称选择、选择过滤器、选择并变换等方面来讲解选择对象的技巧。

2.3.1 基本选择方法

　　初学者要掌握的最基础的选择方法有选择对象、窗口 / 交叉、锁定选择等。

- 【选择对象】：单击【选择对象】按钮▇即可点选对象，快捷键为【Q】。按住【Ctrl】键可以加选，按住【Alt】键可以减选。

- 【窗口/交叉】：这种状态表示交叉选择，可以选择区域内的所有对象，以及与区域边界相交的任何对象；这种状态表示窗口选择，只能选择区域内的对象。
- 【锁定选择】：单击状态栏上的按钮即可锁定或解锁对象，快捷键为【Ctrl+Shift+N】。
- 【选择区域】：除默认的矩形外，还可以切换为圆形、围栏、套索、绘制选择区域等多种选择框，便于用户在各种复杂对象中轻松选择。
- 【全选】的快捷键是【Ctrl+A】；【取消选择】的快捷键是【Ctrl+D】；【反选】的快捷键是【Ctrl+I】。

2.3.2 按名称选择

在主工具栏上有【按名称选择】按钮，其快捷键是【H】。单击该按钮弹出的对话框如图2-12所示，主要分为以下几个部分。

（1）查找框：在这里可以直接输入要选择的对象的名称，如图2-12所示，如输入"b"，那么"Box001"和"Box002"等名称以"B"开头的对象都会显示为选择状态。这里支持通配符*，如输入"*02"，包含"02"的对象都会被选中。

（2）【显示】按钮：【显示所有】按钮，单击后就会显示所有类型，包含隐藏或冻结的物体。在这里可以直接点选，【Ctrl】键为加选，【Alt】键为减选，【Shift】键为连选。【不显示】按钮，即取消显示所有类型。【反转显示】按钮，即把已显示和未选择显示的类型反选。

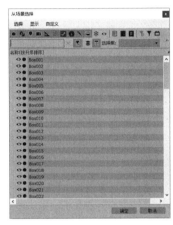

图 2-12 按名称选择的对话框

（3）分类显示按钮：在列表内仅出现某些类型的物体。默认除隐藏和冻结对象之外都已选择，如只需要选择所有灯光，那么可以先单击灯光按钮，然后单击右侧的【反转显示】按钮，这样就只有灯光被选中。其他类型的对象也可如此操作。

（4）【选择集】下拉列表：实际上和主菜单中的选择集下拉列表是一样的。

（5）【排序方式】：可以按"升序""降序""年龄"调整排序，直接单击即可切换。

2.3.3 选择过滤器

在主工具栏有个【选择过滤器】，通过其下拉菜单可以限定只能在视口选择某一类型的对象，如图2-13所示。如在布置灯光时容易对模型误操作，此时就可以选择【L-灯光】过滤器，这样就只会选择灯光，不会选到其他类型。

2.3.4 选择并变换

选择对象的目的大多是需要编辑，而"变换"是一项基本内容。在 3ds Max 2022 中，提供了移动、旋转和缩放等几种方式。

图 2-13 选择过滤器

1.【选择并移动】按钮

单击此按钮（快捷键【W】）后单击对象就能选择对象，锁定一个轴或一个面就可移动对象。

2.【选择并旋转】按钮

单击此按钮（快捷键【E】）后单击对象就能旋转对象，锁定一个轴就可绕此轴旋转对象。

3.【选择并缩放】按钮

单击此按钮（快捷键【R】），分为三个子按钮：【选择并均匀缩放】按钮 可以在X、Y、Z轴等比缩放对象，【选择并非均匀缩放】按钮 可以在不同的轴向上缩放不同的比例，【选择并挤压】按钮 是指可以任意缩放但体积保持不变。

> **温馨提示**
>
> 以上都是随意变换，若要精确变换，则需右击相应的变换按钮，在弹出的对话框中输入数字，如图2-14所示。左边是绝对变换，即系统内定的坐标，原点是固定的；右边是相对变换，始终相对于当前状态。实际操作中多数时间是用相对变换。

图 2-14　精确变换对话框

> **技能拓展**
>
> ①变换之前按住【Shift】键可复制对象。
>
> ②复制时会弹出如图2-15所示的对话框，需要注意【复制】【实例】【参考】的区别。选中【复制】后的对象与源对象没有关联；选中【实例】后的对象与源对象相互关联，即修改一个参数，其他的都一起修改；选中【参考】后的对象原则上不会影响源对象，而源对象一定影响参考对象。若要不关联，只需单击修改面板上的【使唯一】按钮 即可。
>
> ③原地复制的快捷键是【Ctrl+V】。

图 2-15　【克隆选项】对话框

2.3.5　其他选择方法

除了以上选择方法，3ds Max 2022还提供了一些其他的选择方法作为补充，这样使3ds Max 2022的选择方法更加丰富，熟练运用这些方法将会使制图变得轻松自如。

1.【选择类似对象】命令（快捷键【Shift+Ctrl+A】）

在【编辑】菜单下选择该命令，能按创建对象的类型进行选择，例如，先选择场景中的一个【球体】对象，执行此命令后就能把场景中的所有球体选中。

2.按颜色选择对象

每个对象在创建时都会有一个名称和颜色，在【编辑】菜单中选择【选择方式】→【颜色】命令后，单击一个对象，只要跟此对象颜色相同的对象都会被选中。

3.【选择实例】命令

在【编辑】菜单下选择该命令，能选择【实例】或【参考】复制的对象。单击【实例】复制的对象或源对象后，再在【编辑】菜单中选择【选择实例】命令，就能选择所有通过【实例】或【参考】复制的对象。

2.4 对齐

3ds Max 2022 提供了丰富的对齐方式，能帮助用户精确制图。

2.4.1 对齐对象

由于是三维空间，所以不能以"上中下左中右"来描述位置，要对齐对象，就要用更精确的描述方式——3ds Max 2022 采用了坐标及轴心点的方式。

要对齐对象，首先要创建多个对象，然后选择源对象，单击【对齐】按钮（快捷键【Alt+A】），再单击目标对象，就会弹出如图 2-16 所示的对话框。3ds Max 2022 是以轴向上【当前对象】与【目标对象】的"最小、中心、轴点、最大"来描述对齐的。

图 2-16 【对齐当前选择】对话框

温馨提示：如图 2-17 所示，以 X 轴为例，箭头正方向为大，壶嘴最右边的点就是【最大】；相应地，壶把最左边的点就是【最小】；坐标中心即【轴点】；从左边到最右边的中点即【中心】。

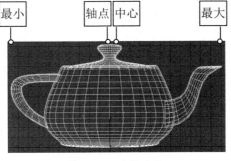

图 2-17 对齐对象

接下来通过使用【对齐】按钮将球体底部对齐圆锥顶部，具体操作方法如下。

步骤 01 用【选择并移动】按钮单击球体，球体目前就是当前对象，圆锥体就是目标对象，单击【对齐】按钮就会弹出如图 2-18 所示的对话框。

步骤 02 取消选中【Z 位置】复选框，选择当前对象和目标对象的【中心】，单击【应用】按钮；然后选中【Z 位置】复选框，选择当前对象的【最小】和目标对象的【最大】，如图 2-19 所示，单击

【确定】按钮即可。

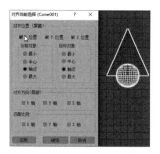

图 2-18　选择目标对象

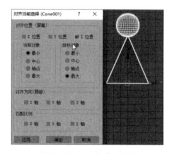

图 2-19　对齐 Z 轴

若是仅对齐 XY 面的中心，可用【快速对齐】按钮 ![]。

2.4.2　对齐法线

法线就是垂直于一个平面的线，这个线称为这个平面的法线。若要两个非正交的面贴齐，就可以运用【法线对齐】按钮 ![]（快捷键【Alt+N】）。例如，要把茶壶放到四棱锥的斜面上，就可使用【法线对齐】按钮 ![]，方法如下。

步骤 01　用【环绕】命令（快捷键【Ctrl+R】）将视图旋转到看到茶壶底部，然后按快捷键【W】切换到【选择并移动】按钮 ![] 选择茶壶，如图 2-20 所示。

步骤 02　按快捷键【Alt+N】，然后单击茶壶底面，当显示出一根蓝色的线（茶壶底面的法线）后再单击四棱锥的斜面，出现一条绿色的线（四棱锥斜面的法线）后茶壶底面立即对齐四棱锥斜面（蓝、绿法线合二为一），如图 2-21 所示。当然，还可以在此面上进行偏移、镜像或旋转等操作。

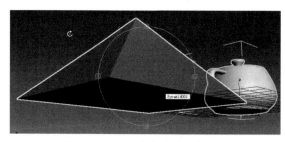

图 2-20　环绕到能看到茶壶底部

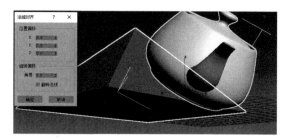

图 2-21　对齐法线

2.4.3　其他对齐命令

（1）【对齐摄影机】按钮 ![]：可以使视口中心的法线和摄影机轴上的法线对齐，使摄影机视口朝向选定的面法线。

（2）【放置高光】按钮 ![]：可使对象面法线对齐灯光。

（3）【对齐到视图】按钮 ![]：可使对象或子对象选择的局部法线对齐当前视口。

2.5　捕捉

3ds Max 2022 为用户提供了很多精确制图的途径，捕捉与栅格就是其重要的手段之一。

2.5.1　捕捉的类型

1. 捕捉对象

捕捉对象开关可以单击【捕捉开关】按钮，一般配合【选择并移动】按钮。在 3ds Max 中，捕捉对象有三维、二维和 2.5 维之分。

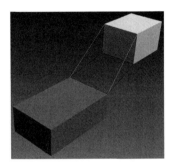

- 【三维捕捉】模式：可以在三维空间内捕捉。
- 【二维捕捉】模式：仅能在 XY、YZ、ZX 面内捕捉。
- 【2.5 维捕捉】模式：意即虽在三维空间内捕捉，但是其结果却是投影到 XY、YZ、ZX 面内的。如图 2-22 所示，白色的为三维捕捉，黑色的线为 2.5 维捕捉。

图 2-22　三维捕捉与 2.5 维捕捉

2. 角度捕捉切换

单击【角度捕捉切换】按钮就能锁定一定的角度旋转，一般配合【选择并旋转】按钮。

3. 百分比捕捉切换

单击【百分比捕捉切换】按钮就能锁定一定的角度缩放，一般配合【选择并均匀缩放】按钮。

技能
拓展
【捕捉开关】的快捷键是【S】，【角度捕捉切换】的快捷键是【A】。

2.5.2　捕捉设置

要用好捕捉，需先会设置捕捉，其方法是右击【捕捉开关】按钮，就会弹出如图 2-23 所示的对话框。在此可以选择需要的捕捉选项，去掉不需要的捕捉选项，一般用【顶点】的情况居多。

选择【选项】选项卡，则可设置【角度】和【百分比】，以及其他选项，如图 2-24 所示。

图 2-23　捕捉设置

图 2-24　捕捉选项设置

课堂范例——对齐顶点

在实际工作中,【对齐】按钮 的使用频率是比较高的,而如何对齐样条线的顶点则是一个常用的技巧。下面以图 2-25 为例,要求 5 号节点对齐 2 号节点,方法如下。

步骤 01 选择 5 号节点,右击【捕捉开关】按钮 ,在弹出的对话框中选中【顶点】复选框,如图 2-26 所示。

步骤 02 选择【选项】选项卡,选中【启用轴约束】复选框,如图 2-27 所示。

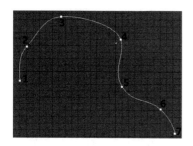
图 2-25　对齐节点之前

图 2-26　设置捕捉

图 2-27　设置捕捉选项

步骤 03 关闭【栅格和捕捉设置】对话框,单击【捕捉开关】按钮 ,选择 5 号节点并锁定 Y 轴,如图 2-28 所示。

步骤 04 按住鼠标左键锁定 Y 轴拖动 5 号节点到 2 号节点,当出现青色捕捉记号时释放鼠标左键即可,如图 2-29 所示。

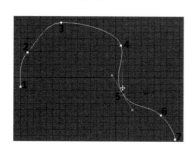
图 2-28　选择 5 号节点

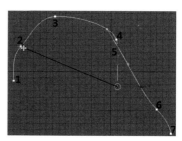
图 2-29　捕捉 2 号节点

2.6　镜像与阵列

【镜像】是图形软件中的一项基本编辑命令,【阵列】则是一个强大的命令,下面就讲解一下这两个命令的基本用法。

2.6.1　镜像

镜像可以就选定的轴或面复制选定对象,且可以进行【偏移】操作和【克隆当前选择】操作,选中【几何体】复选框可以在镜像时保持法线不变。

2.6.2 阵列

阵列实际上也是一种复制方式，选择【工具】菜单下的【阵列】命令，就能弹出如图 2-30 所示的对话框。【阵列】对话框如图 2-2 所示，主要选项及简介如表 2-2 所示。

表 2-2 【阵列】对话框简介

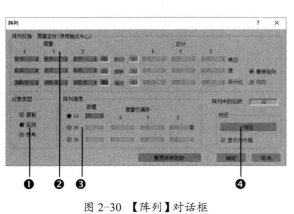

图 2-30 【阵列】对话框

名称	简介
❶对象类型	与其他复制选项相同
❷增量	纵向选择需要阵列的轴向，横向选择阵列的变换方式；左边是每个轴间的增量，若不便计算，可以单击 ▷ 按钮切换到【总计】方式
❸阵列维度	可以选择一维（线）、二维（面）、三维（体）阵列
❹阵列总数及预览	设置好以上参数后可以看到阵列对象的总数，单击【预览】按钮就可预览阵列效果

1. 矩形阵列

矩形阵列需要分清维数和轴向，因为在【增量】和【阵列维度】里都有轴向选择，又有斜向阵列和矩形阵列之分，分别如图 2-31 和图 2-32 所示。

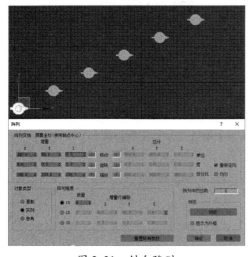

图 2-31 斜向阵列

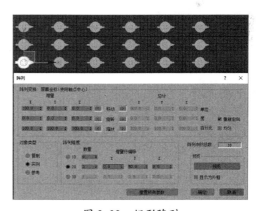

图 2-32 矩形阵列

2. 环形阵列

环形阵列主要运用旋转的变换方式，需要注意的是需要改变轴心，否则就会绕着自身轴心阵列，如一张圆桌平均放置了 7 个茶壶，其操作方法如下。

步骤01 创建一个圆柱体和茶壶对象，如图 2-33 所示。

步骤 02 选择茶壶对象，在主工具栏中单击【参考坐标系】，在下拉列表中选择【拾取】坐标系统，单击圆柱体对象，选择【使用变换坐标中心】，坐标轴心即改变成功，如图 2-34 所示。

图 2-33 创建圆柱体和茶壶对象

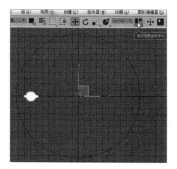

图 2-34 改变坐标系统和坐标轴心

步骤 03 在菜单栏中选择【工具】→【阵列】命令，在弹出的【阵列】对话框中设置参数，如图 2-35 所示。单击【确定】按钮，环形阵列效果如图 2-36 所示。

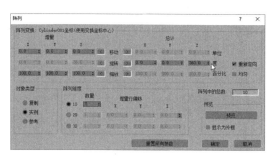

图 2-35 设置阵列参数

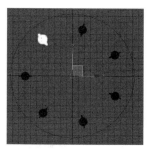

图 2-36 环形阵列效果

2.6.3 间隔工具

【间隔工具】（快捷键【Shift+I】），俗称路径阵列，即对象沿着路径进行阵列之意，可实现"定数等分"与"定距等分"的效果，其操作方法如下。

步骤 01 绘制好路径与对象，选择对象，在【工具】菜单下选择【对齐】→【间隔工具】命令，弹出如图 2-37 所示的对话框。

步骤 02 设置好数目或间距后单击【拾取路径】按钮，拾取场景中的路径，即完成了路径阵列，如图 2-38 所示。

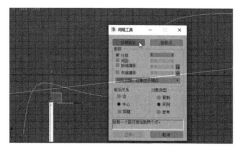

图 2-37 设置路径阵列参数

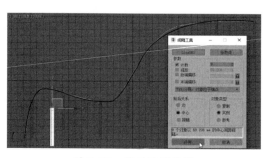

图 2-38 路径阵列效果

2.6.4 快照

快照可以当作记录动画过程中状态的命令，也可用作随时间复制对象的工具。换句话说，【间隔工具】是通过定数目或定距离来复制对象，而【快照】则可通过时间来复制对象。继续上文的例子，若在路径中 30% ~ 65% 的区域复制 9 个对象，就可用此命令，其具体方法如下。

步骤 01   绘制好路径与物体，选择对象，单击【运动】面板→【指定控制器】卷展栏→【位置】→【指定控制器】按钮 ✓，在弹出的对话框中选择【路径约束】控制器，如图 2-39 所示。

步骤 02   把面板往上推移，单击【添加路径】按钮，拾取场景中的路径，如图 2-40 所示。

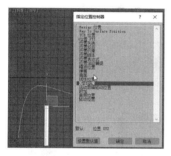

图 2-39 添加控制器

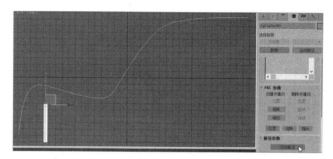

图 2-40 添加路径

步骤 03   在菜单栏中选择【工具】→【快照】命令，在弹出的对话框中设置参数，如图 2-41 所示。单击【确定】按钮后，即可完成，快照效果如图 2-42 所示。

图 2-41 设置快照参数

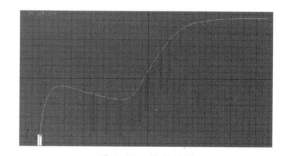

图 2-42 快照效果

📚 课堂范例——绘制衣帽架

步骤 01   在顶视图中创建一个【长方体】对象作为主杆，参数如图 2-43 所示。

步骤 02   在前视图中创建一个长为 30、宽为 30、高为 200 的【长方体】对象作为支架，按快捷键【Alt+A】单击主杆与之对齐，如图 2-44 所示。

步骤 03   选择支架，在主工具栏上单击 视图 ▾ 下拉按钮，选择【拾取】坐标系统，拾取主杆，再单击【使用变换坐标中心】按钮 ▦。选择【工具】→【阵列】命令，在弹出的对话框中设置 Z 轴旋转 90°，数量为 4，如图 2-45 所示，单击【确定】按钮。

步骤 04   在前视图中主杆的上部绘制一个半径为 10、高为 150 的圆柱，如图 2-46 所示。然后将其对齐主杆 X 轴的中心，按快捷键【E】切换到【选择并旋转】按钮 ↻，再按快捷键【A】开启【角度捕捉切换】工具，锁定X轴旋转-45°，如图2-47所示。

图 2-43　创建长方体对象

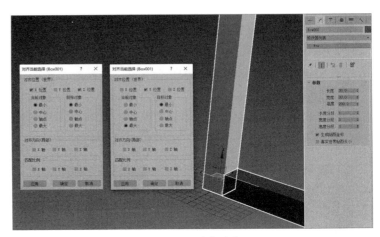

图 2-44　对齐对象

图 2-45　设置阵列参数

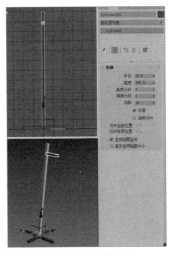

图 2-46　绘制圆柱

图 2-47　旋转圆柱

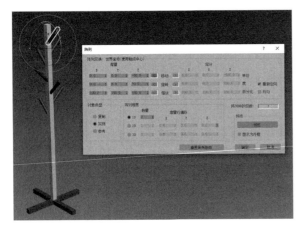

图 2-48　完成衣帽架建模

步骤05　选择圆柱对象，选择【工具】→【阵列】命令，设置Z轴旋转90°，移动-80，数量为7，单击【预览】按钮，如图2-48所示，单击【确定】按钮完成建模（若效果不符合预期，可以修改参数）。

2.7 快速渲染

3ds Max是一款矢量图软件，其标准保存格式本身就是非点阵的位图，也无法打印，只有通过【渲染】命令来将其输出为像素图（位图），这里先讲讲最基础的快速渲染方法，详细的渲染后面有专门的章节讲解。

2.7.1 快速渲染当前视图

快速渲染当前视图是指把当前视图快速渲染为像素图，其快捷键是【Shift+Q】或【Shift+F9】。

2.7.2 快速渲染上次视图

快速渲染上次视图是指渲染上次渲染的视图，而不论当前视图是哪一个，其快捷键是【F9】。

课堂问答

问题 1：可以把 3ds Max 高版本格式转为低版本格式吗？

答：目前 3ds Max 只能另存为近 3 年内的版本，即 3ds Max 2022 最低只能存为 3ds Max 2019，不能存为更低的版本。若是要 3ds Max 2019 以前的版本都能使用，则只能用【导出】命令，将文件导出为*.3ds格式，然后再在低版本中用【导入】命令导入*.3ds格式即可。

问题 2：文件有自动保存吗？若出现意外在哪里找到自动保存文件？

答：有。在菜单栏中选择【自定义】→【首选项】命令，弹出【首选项设置】对话框，在【文件】选项卡里就能设置备份文件数量和自动备份的时间，如图 2-49 所示。

若是作图过程中出现了意外，需要找备份文件，就打开X:/文档/3ds Max 2022/autoback 文件夹，就能找到最新自动备份的文件，如图 2-50 所示。

图 2-49　自动备份文件选项设置

图 2-50　自动备份文件保存位置

📷 **上机实战——绘制简约茶几**

通过本章的学习，为让读者巩固本章知识点，下面讲解一个技能综合案例，使大家对本章的知识有更深入的了解。

简约茶几模型参考效果如图 2-51 所示。

▶ **效果展示** ◀

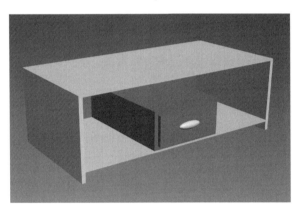

图 2-51　简约茶几模型参考效果

▶ **思路分析** ◀

这是一个典型的现代造型茶几，建模非常简单。各个构件几乎都用【长方体】对象绘制，然后用【对齐】【选择并移动】等按钮搭建即可。

▶ **制作步骤** ◀

步骤 01　绘图准备。在菜单栏中选择【自定义】→【单位设置】命令，在弹出的对话框中把公制设置为"毫米"，再单击【系统单位设置】按钮，在弹出的对话框中将【系统单位比例】设置为"毫米"（注意：本书后面提到的所有尺寸单位，如无特殊说明，均为毫米，不再一一标注），如图 2-52 所示。

步骤 02　绘制茶几桌面。在顶视图创建一个【长方体】对象，参数如图 2-53 所示。

图 2-52　设置单位

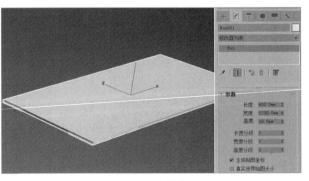

图 2-53　绘制桌面

步骤 03　绘制茶几底板。选择茶几桌面，按快捷键【Ctrl+V】复制一个，修改参数如图 2-54 所示，然后右击【选择并移动】按钮✛，在打开的对话框中将 Z 轴移动 -350，如图 2-55 所示。

步骤 04　绘制左右挡板。右击【捕捉开关】按钮3²，在弹出的对话框中只选中【顶点】复选框，按快捷键【S】打开捕捉开关，在顶视图捕捉绘制一个如图 2-56 所示的长方体，高度为 -400。按快捷键【S】关闭捕捉开关，然后按快捷键【W】开启【选择并移动】按钮✛，按住【Shift】键锁定 X 轴，按住鼠标左键拖动复制一个挡板并对齐桌面，如图 2-57 所示。

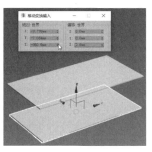

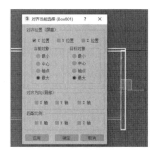

图 2-54　底板尺寸　　　图 2-55　移动底板　　　图 2-56　绘制挡板　　　图 2-57　复制挡板并对齐桌面

步骤 05　绘制抽屉。在顶视图创建一个【长方体】对象，参数如图 2-58 所示，对齐底板。

步骤 06　绘制抽屉板。在前视图创建一个【长方体】对象，参数如图 2-59 所示，对齐抽屉。

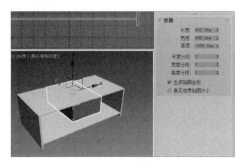
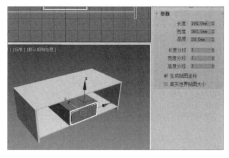

图 2-58　绘制抽屉　　　　　　　　　　图 2-59　绘制抽屉板

步骤 07　绘制拉手。在前视图创建一个【球体】对象，并对齐抽屉板，参数如图 2-60 所示。

步骤 08　缩放拉手。选择【球体】对象，然后按快捷键【R】切换到【选择并均匀缩放】按钮▦，锁定 X 轴将其放大，再锁定 Z 轴将其适当缩小，如图 2-61 所示，简约茶几模型绘制完成。

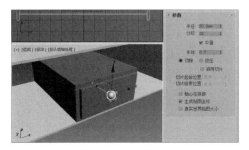

图 2-60　绘制拉手　　　　　　　　　　图 2-61　缩放拉手

通过上机实战案例的学习，为了增强读者的动手能力，下面安排一个同步训练案例，让读者达到举一反三的学习效果。绘制小方桌的流程如图 2-62 所示。

图解流程

图 2-62　绘制小方桌流程

思路分析

此小方桌造型很简约，用【管状体】【圆柱体】【茶壶】三种基本几何体就可完成。可以先绘制桌面，然后绘制桌腿，再绘制茶壶、茶杯即可。

关键步骤

步骤 01　绘制桌框。在菜单栏中选择【自定义】→【单位设置】命令，在弹出的对话框里把显示单位和系统单位都设为"毫米"后，在顶视图创建一个【管状体】对象，参数如图 2-63 所示。

步骤 02　绘制桌面。在顶视图创建一个【圆柱体】对象，参数如图 2-64 所示，然后使用【快速对齐】工具█将其与桌框快速对齐。

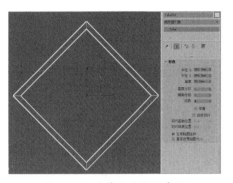

图 2-63 用管状体绘制桌框

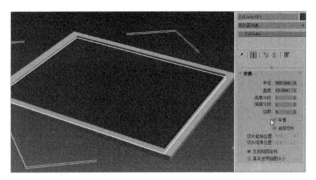

图 2-64 用圆柱体绘制桌面

步骤 03 绘制桌腿。继续用【圆柱体】对象创建一个桌腿，参数如图 2-65 所示。然后按快捷键【Alt+A】，单击桌框，与之对齐，参数如图 2-66 所示。

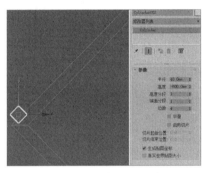

图 2-65 用圆柱体绘制桌腿

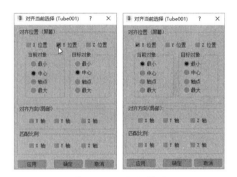

图 2-66 对齐桌腿

步骤 04 改变桌腿坐标中心。选择桌腿，单击主工具栏的【参考坐标系】下拉按钮，选择【拾取】坐标系统，单击桌框。然后单击其后的【使用轴点中心】按钮 ，选择第三个【使用变换坐标中心】按钮 ，这样就将桌腿的坐标中心设置成了以桌框的坐标中心为准，如图 2-67 所示，为阵列桌腿做准备。

步骤 05 阵列桌腿。在菜单栏中选择【工具】→【阵列】命令，在弹出的对话框中设置参数，单击【确定】按钮，如图 2-68 所示。

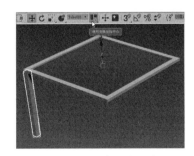

图 2-67 改变桌腿坐标中心

图 2-68 设置阵列参数

步骤 06 绘制茶具。单击【创建】面板图标 ，在【几何体】面板中单击【标准几何体】→【茶壶】对象，选中【自动栅格】复选框，在桌面上创建一个茶壶。再用同样的方法创建一个小一些的茶壶，但在【茶壶部件】中去掉壶体之外的部件，使之成为茶杯，如图 2-69 所示。最后按【W】键切换到【选择并移动】按钮✛，按住【Shift】键拖动复制三个茶杯，最终参考效果如图 2-70 所示。

图 2-69　绘制茶杯

图 2-70　小方桌模型效果

📝 知识能力测试

一、填空题

1.【选择并缩放】工具包含 _____、_____、_____ 三个子工具。

2. 反选的快捷键是 _____，取消选择的快捷键是 _____。

3. 在 3ds Max 2022 中，加选对象按住 _____ 键，减选对象按住 _____ 键。

4. 按名称选择的快捷键是 _____。

5. 3ds Max 2022 中的捕捉有 _____、_____、_____ 等三种类型。

6. 对齐对象的快捷键是 _____，对齐法线的快捷键是 _____。

二、选择题

1. 下面哪个命令用来输入扩展名是 .dwg 的文件？（　　　）

A.【文件】→【打开】　　　　　　　　　　B.【文件】→【合并】

C.【文件】→【导入】　　　　　　　　　　D.【文件】→【外部参考对象】

2.【文件】→【合并】命令可以合并哪种类型的文件？（　　　）

A. MAX　　　　　　B. DXF　　　　　　C. DWG　　　　　　D. 3DS

3. 3ds Max 不能输入哪种扩展名的文件？（　　　）

A. .shp　　　　　　B. .dxf　　　　　　C. .3ds　　　　　　D. .doc

4. 选择对象的快捷键是（　　　）。

A. R　　　　　　　B. Q　　　　　　　C. W　　　　　　　D. E

5. 下列没有复制功能的命令是（　　　）。

A. 镜像　　　　　　　　B. 阵列　　　　　　　　C. 对齐　　　　　　　　D. 变换并缩放

6. 绘制钟表上的刻度最好用哪个命令？（　　　）

A. 旋转　　　　　　　　B. 复制　　　　　　　　C. 快照　　　　　　　　D. 阵列

7. 单独显示选定对象的快捷键是（　　　）。

A. H　　　　　　　　　B. Q　　　　　　　　　C. Alt+Q　　　　　　　D. Alt+H

8. 开启角度捕捉切换的快捷键是（　　　）。

A. A　　　　　　　　　B. S　　　　　　　　　C. Ctrl+Shift+P　　　　D. Alt+H

9. 快速渲染上次视图的快捷键是（　　　）。

A. Shift+ F9　　　　　 B. Shift+Q　　　　　　C. F9　　　　　　　　　D. F10

10. 隐藏所有灯光的快捷键是（　　　）。

A. Shift+G　　　　　　B. Shift+C　　　　　　C. Shift+L　　　　　　D. Shift+S

三、判断题

1. 3ds Max 不能按一定的间隔自动保存文件。　　　　　　　　　　　　　　（　　　）

2. 对于参考复制对象的编辑修改一定不影响原始对象。　　　　　　　　　（　　　）

3. 3ds Max 2022 可以存为任何一种低版本格式。　　　　　　　　　　　　（　　　）

4. 冻结的对象不能被捕捉。　　　　　　　　　　　　　　　　　　　　　（　　　）

5. 要编辑群组内的对象就必须先解组。　　　　　　　　　　　　　　　　（　　　）

6. 不能向已经存在的组中增加对象。　　　　　　　　　　　　　　　　　（　　　）

7. 对于实例对象的编辑修改一定影响源对象。　　　　　　　　　　　　　（　　　）

8. 若只想编辑某类对象时，可以选择过滤器。　　　　　　　　　　　　　（　　　）

9. 若只需要对齐 XY 面的中心，可用【快速对齐】命令。　　　　　　　　（　　　）

10. 用对齐命令可以对齐顶点。　　　　　　　　　　　　　　　　　　　（　　　）

四、简答题

1.【外部参照对象】命令的优点是什么？

2.【解组】和【炸开】命令的区别是什么？

3. 选择【文件】→【打开】命令和选择【文件】→【合并】命令有什么区别？

3ds Max 2022

第3章
基本体建模

　　本章先总体讲述 3ds Max 2022 的建模思想，然后主要介绍基本几何体建模，包括标准基本体、扩展基本体、AEC 扩展模型及 VRay 基本模型等。读者通过对这些建模思想的理解和对建模方法的了解，可以为后面的高级建模打下基础。

学习目标

- 理解 3ds Max 2022 的建模思想和标准
- 能熟练地运用标准基本体和扩展基本体创建基本模型
- 能控制模型的段数，使之满足制图需要，文件又尽量小
- 了解 AEC 扩展模型的特点
- 了解 VRay 模型的使用

3.1 理解建模

> 要理解建模,首先要深刻理解计算机三维模型和实际生活中物体的差别:三维模型都是空的,只是"壳子"。三维模型之间是可以任意交叉重叠的。三维模型都是先由点和线构成面,然后再像糊灯笼一样糊成"空壳子"。因此,建模基本上就成了放置三维空间中的点、线和面的问题。

建模几乎是一个纯技术的工作,因为它仅仅是把图纸或设计图稿进行三维化的过程。建模有三个标准:一是准确,二是精简,三是速度。

简单地说,准确就是精确。一方面是尺寸上的,比如我们对室内模型的要求是精确到毫米,室外建模要精确到厘米。但这绝不是说可以容忍0.1厘米的墙体接缝,而只是说窗户的宽度可以比图纸宽1厘米。实际上无论室内外,即使半毫米的墙体接缝都是不合格的模型,因为这样的模型很可能会对后面的工作造成巨大威胁,这不是危言耸听。另一方面,更要注意结构方面的准确,这既需要具有一定的读懂图纸的能力,更需要对现实世界实物的留心观察。因此,建议对建模不甚掌握的初学者随身携带一把尺子,随时测量和观察身边的一切。比如,多去推测和测量窗户的高度、椅子的高度、门把手的直径等,这样可以比较快速地形成周围世界的尺寸概念,这是一个必要的过程。

精简,有两方面的含义。精,就是去掉任何多余的点线面,而只建造那些必要的几何结构。比如,我们通过【创建】面板创建一个【圆柱体】对象,默认它的【高度分段】是5,按快捷键【7】显示【顶点】共110,我们把这个段数改为1,圆柱的形状丝毫没有改变,而【顶点】数只有38,几乎是原来的1/3,如图3-1所示。类似的段数还有其他几何体的段数。可以看出,有些段数完全是多余的。简,就是点数少、面数少。但是精简到何种程度合适?这往往是根据模型的最终用途来决定的。比如,我们建立一个默认段数为32的【球体】对象,如果这只是远处珠帘上的一颗,那么它的段数应该设置为8甚至更低,因为视觉上根本无法区分32段和8段有何不同。但如果这个球是近处的一个灯具,而且即使设置段数为32仍能看到棱角,那大概只能设置为36段或更高了。因此,精简意味着满足最终视觉需要的最小面数。

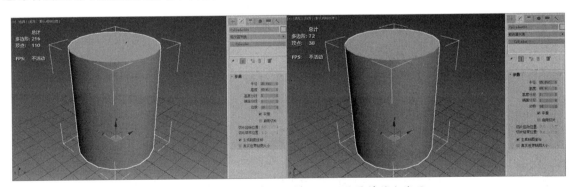

图 3-1 在视觉效果相同的情况下,尽量精简点线面

速度,就是说模型制作的速度要快。一方面我们要掌握一些加速的技巧,如熟练使用快捷键及熟悉一些对象管理策略等,要记住"效率往往是半秒钟半秒钟地提高的";另一方面要选择便捷的建

模方式，灵活的思维往往能事半功倍。

3.2 标准基本体

无论是创建复杂的场景还是制作动画，其中最基本的组成元素都是对象，而创建对象的基础便是基本体。3ds Max提供了多种创建基本体的命令，本节主要介绍标准基本体的创建方法和技巧。

3.2.1 长方体和平面

长方体是通过设置长宽高的值来实现的，在【几何体】面板中单击【长方体】按钮，然后在视口中单击并拖曳鼠标，先拉出长方体的底面，然后松开鼠标，向上移动鼠标指针来定义长方体的高，最后单击确认完成。之后的鼠标状态仍为"十"字，表示还处于创建长方体的命令中，可以继续创建一个新的长方体，右击可取消创建命令。也可在【创建方法】卷展栏选择【立方体】或【长方体】来绘制长方体。

用同样的方法也可以创建【平面】对象，只是 3ds Max 中的平面没有高度。在【创建方法】卷展栏可选择【矩形】或【正方形】来绘制平面。

技能拓展

①创建时选中【自动栅格】复选框，可在选择的面上直接绘图，而不用对齐法线。

②在 3ds Max 中，创建对象时按住【Ctrl】键可绘制正形。

3.2.2 旋转体

旋转体是由一条闭合曲面绕固定轴旋转而形成的实体，如【球体】【圆柱体】【圆锥体】【圆柱体】【管状体】【圆环】等。在 3ds Max 中创建旋转体的方法也很简单，就是需要注意其中的一个参数，即【启用切片】选项。默认的旋转体都是旋转 360°，但实际上可以旋转 360° 以内的角度，如图 3-2 所示。

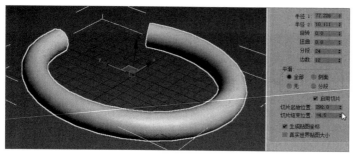
图 3-2　启用切片示例

另外需要注意【平滑】选项，因为在 3ds Max 中一般都是以直线片段模拟曲线，以平面模拟曲面。【平滑】选项实际上就是把平面在显示上处理一下看起来更光滑，而实际上不是真正的旋转体，如图 3-3 所示，取消选中【平滑】复选框，"圆柱"实际是用一个十八棱柱模拟的。

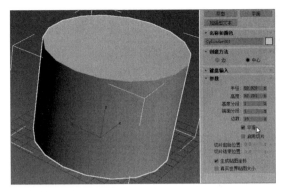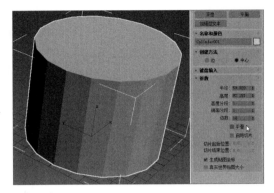

图 3-3 平滑选项效果对比

3.2.3 其他基本体

除了以上类型，其他基本体还有【几何球体】【四棱锥】【茶壶】。需要注意的是，【几何球体】与【球体】对象的创建原理有本质的区别。

- 从面的形状上看，【球体】对象是四边形，而【几何球体】对象是三边形，如图 3-4 所示。
- 【球体】对象属于旋转体，可以使用【启用切片】复选框，而【几何球体】对象属于多面体。
- 选中【半球】复选框后，【球体】会随着半球的多少而增减面数，但【几何球体】不会，如图 3-5 所示。

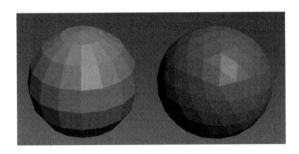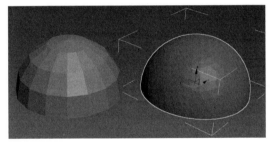

图 3-4 面形不同   图 3-5 半球效果对比

- 【茶壶】在 3ds Max 基本体里面算是个另类，其模型相对复杂，而制作又非常简单，所以一般作为调试工具，如作为测试环境、材质、灯光等方面的测试模型。
- 【四棱锥】对象的创建与【长方体】对象类似，只是顶面缩为一点而已。

3.3 扩展基本体

扩展基本体的使用频率不是很高，创建方法和标准基本体都很类似。扩展基本体是 3ds Max 中复杂基本体的集合，有 13 种基本体，如图 3-6 所示。即使是一种扩展基本体，因其参数不同，也可做出很多不同的几何体，如图 3-7 所示，是【异面体】的系列参数分别选择【四面体】【立方体/八面体】【十二面体/二十面体】【星形 1】【星形 2】选项的模型效果；左边是 P 和 Q 都为 0 时的效果，右边则是 P 和 Q 都为 0.3 时的效果。

图 3-6　扩展基本体　　　　　　　　　　　　图 3-7　异面体

【环形结】对象因其类型和P/Q参数的不同，也会有丰富的变化，如图 3-8 所示。

【软管】对象因参数的不同，也会创建出如图 3-9 所示的两种模型。

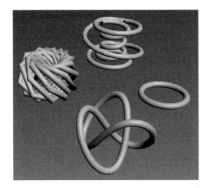

图 3-8　环形结

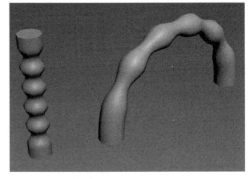

图 3-9　自由软管与绑定到对象的软管

其余的扩展几何体对象效果如图 3-10 所示。

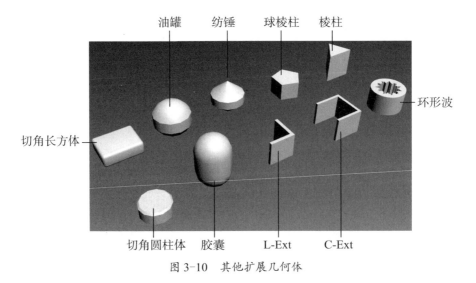

图 3-10　其他扩展几何体

课堂范例——绘制简约沙发模型

步骤 01 绘制底座。单击【扩展基本体】面板，在顶视图创建一个【切角长方体】对象，参数如图 3-11 所示。

步骤 02 绘制垫子。用移动复制的方法向上复制一个，并按快捷键【Alt+A】使之对齐，效果如图 3-12 所示。

步骤 03 绘制扶手。在顶视图创建【切角长方体】对象，参数如图 3-13 所示。然后复制一个，移动并对齐。

步骤 04 绘制靠背。在前视图创建【切角长方体】对象，参数如图 3-14 所示。然后在左视图通过移动、旋转等命令调整它的位置，使它斜靠在后座上。

步骤 05 绘制地板。在顶视图创建一个【平面】对象对齐沙发底部，模型效果如图 3-15 所示。

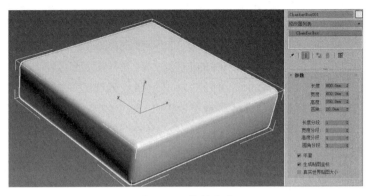

图 3-11　绘制底座

图 3-12　绘制垫子

图 3-13　扶手参数

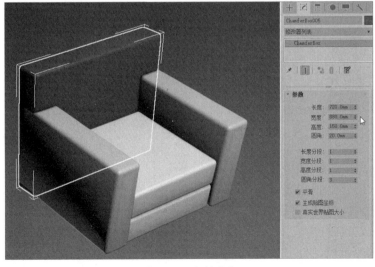

图 3-14　绘制靠背

图 3-15　沙发模型效果

3.4 其他内置模型

在很早以前的版本中，3ds Max 还有个"姊妹"软件——3ds VIZ。那时由于 3ds Max 主要用于做动画，而建筑表现用到的功能很少，于是就开发了 3ds VIZ，来加强建筑表现功能，把与建筑表现无关的功能优化掉，这样就降低了购买软件的成本。但从 3ds Max 5 后逐渐把 3ds VIZ 的功能也加了进来，3ds Max 建筑表现的功能也得到了增强。这里讲的 AEC 扩展模型，【门】【窗】【楼梯】等就是 3ds VIZ 里的建筑建模构件。

3.4.1 门

在 3ds Max 中，门的类型有 3 种，分别是【枢轴门】【推拉门】【折叠门】。这里就分别绘制一下这 3 种门，希望读者在绘制的过程中理解其绘制技巧。

1.【枢轴门】

在顶视图创建一樘枢轴门，参数和效果如图 3-16 所示。

图 3-16　创建枢轴门

2.【推拉门】

在顶视图创建一樘推拉门，参数和效果如图 3-17 所示。

图 3-17　创建推拉门

3.【折叠门】

在顶视图创建一樘折叠门，参数和效果如图 3-18 所示。

  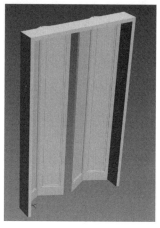

图 3-18　创建折叠门

3.4.2　窗

在 3ds Max 中，窗的类型有 6 种，分别是【遮篷式窗】【平开窗】【固定窗】【旋开窗】【伸出式窗】【推拉窗】，如图 3-19 所示。其创建方法与门相似。

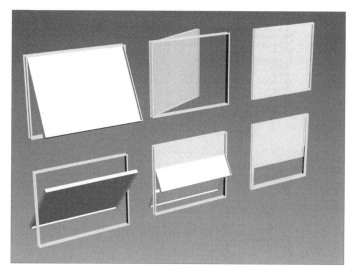

图 3-19　窗的类型

3.4.3　楼梯

在 3ds Max 中，楼梯的类型有 4 种，分别是【直线楼梯】【L 型楼梯】【U 型楼梯】【螺旋楼梯】，如图 3-20 所示。

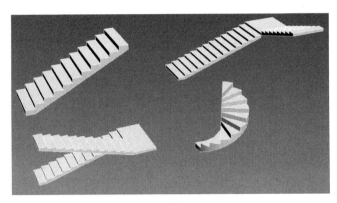

图 3-20　楼梯的类型

3.4.4　AEC扩展模型

AEC扩展模型包括【植物】【栏杆】【墙】三种类型，如图 3-21 所示。它能大大提高建筑建模的工作效率。

1.【植物】

3ds Max 2022 的植物库里提供了十多种常用植物，如图 3-22 所示。对库里植物加以编辑，基本能满足建筑表现建模的需要。

图 3-21　AEC扩展模型

图 3-22　植物库

创建植物很简单，只需按住鼠标左键把【创建】面板里的植物拖进视图里摆好位置，然后修改其参数即可，如图 3-23 所示。

> **温馨提示**
>
> 在 3ds Max 里绘制植物虽然真实易编辑，但相当耗资源，比如【视口树冠模式】默认选择 ● 未选择对象时，选择时显示如图 3-23 所示，未选择时显示如图 3-24 所示。在实际工作中，为了避免文件过大带来的麻烦，植物都是通过 Photoshop 后期处理加上去的，或者用【VRay 代理】来进行处理。

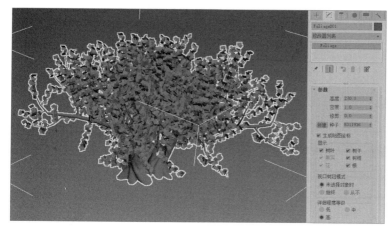

图 3-23　植物的创建参数　　　　　　　　图 3-24　节约显存的植物显示模式

2.【栏杆】

栏杆有直接绘制和拾取栏杆路径绘制两种方法。通常用拾取栏杆路径的方法，以阳台栏杆为例，创建方法如下。

步骤 01　绘制或导入一根路径，然后单击 拾取栏杆路径 按钮，再拾取路径，选中【匹配拐角】复选框，上下围栏及立柱参数如图 3-25 所示。

步骤 02　单击立柱的个数按钮，设置为 10，将【栅栏】面板的参数设置为如图 3-26 所示，栏杆模型即绘制完毕。

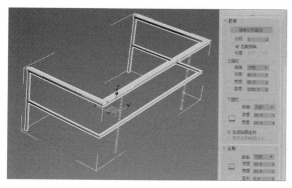

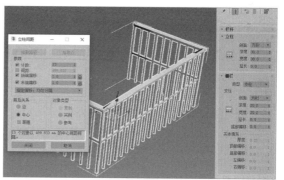

图 3-25　栏杆的围栏及立柱参数　　　　　　图 3-26　栏杆的栅栏参数

3.【墙】

用 AEC 扩展模型来创建墙的模型，主要有直接绘制和单击 拾取样条线 按钮两种方法，而在实际工作中以后者为主。

步骤 01　在菜单栏中选择【自定义】→【单位设置】命令，在弹出的对话框中把【显示单位比例】和【系统单位比例】的单位都设为"毫米"，然后右击【捕捉开关】按钮，在弹出的对话框中选择【主栅格】选项卡，把【栅格间距】设为 500，每两条栅格线有一条主线，如图 3-27 所示，即一个主栅格就是 1 米（1000 毫米）。再选择【捕捉】选项卡，选中【栅格点】复选框，如图 3-28 所示。

图 3-27　设置栅格间距　　　　　　　　　　图 3-28　设置捕捉

步骤 02　按快捷键【S】打开捕捉开关，然后在顶视图中单击【创建】面板→【图形】图标→【线】按钮，绘制一个如图 3-29 所示的房屋平面线。闭合后按快捷键【S】关闭捕捉开关。

步骤 03　单击【创建】面板→【AEC 扩展】→【墙】按钮，设置其宽度和高度如图 3-30 所示，然后展开【键盘输入】卷展栏，单击 拾取样条线 按钮拾取房屋平面线，墙即创建成功，如图 3-31 所示。

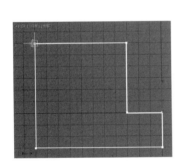

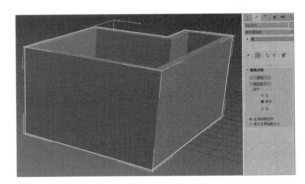

图 3-29　绘制墙线　　　图 3-30　设置墙体参数　　　　　图 3-31　创建墙体模型

温馨提示

①导入的样条线也可以用来绘制墙体。

②尽量将墙体画得水平或垂直，这样以后绘制门窗时更加方便。

若要修改墙体，在【修改】面板单击【墙】前面的▶按钮，墙体的修改分为【顶点】【分段】【剖面】三个子对象，如图 3-32 所示。

- 选择【顶点】子对象，可以使用【选择并移动】按钮✛将各顶点移动到合适的位置。
- 单击【优化】按钮，可以在墙中加入顶点。
- 选择一个顶点，单击【断开】按钮，则可打断封闭状态。
- 对断开且有一定距离的墙的端点单击【连接】按钮，然后按住鼠标左键将其拖到另外一个点，就可连接两个点，从而把墙封闭。
- 选择一个顶点，单击【删除】按钮，则会删除顶点，但对外形没有影响。
- 单击【插入】按钮，则可插入一段或几段墙。

图 3-33 是【分段】子对象的修改参数。如果在一面墙上，先在【顶点】子对象中按门洞的宽度

增加两个点，那么，选择门这段墙，就可以利用【底偏移】命令绘制一个门洞，如图 3-34 所示。

  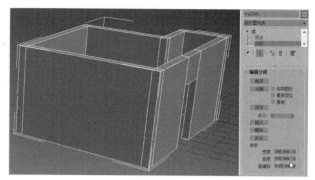

图 3-32　【顶点】子对象　图 3-33　【分段】子对象　　　　图 3-34　绘制门洞

【剖面】子对象一般用来绘制山墙。

步骤 01　选择【剖面】子对象，单击想要创建山墙的一面墙，设置好山墙的高度，如图 3-35 所示。

步骤 02　单击 创建山墙 按钮，取消选择【剖面】子对象，山墙创建完毕，效果如图 3-36 所示。

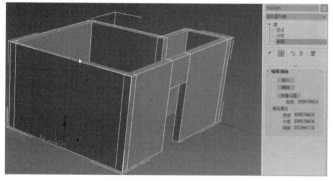 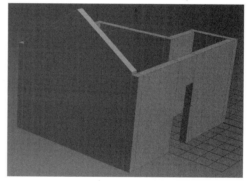

图 3-35　设置山墙高度　　　　　　　　　　图 3-36　完成创建山墙

课堂范例——绘制 U 型楼梯

这里，我们以一个现实生活中最常见的 U 型楼梯为例，运用本节知识来实战一下。

步骤 01　单击【创建】面板→【几何体】图标→【楼梯】→【U 型楼梯】，在顶视图创建一个 U 型楼梯，设置参数如图 3-37 所示。

步骤 02　设置梯级总高为 3000 后，立即单击前面的锁定按钮 总高：3000.0mm，再将【竖板高】改为 150，设置栏杆高度参数如图 3-38 所示。

步骤 03　绘制扶手。单击【创建】面板→【几何体】图标→【AEC 扩展】→【栏杆】，单击【拾取栏杆路径】按钮，参数设置如图 3-39 所示。按快捷键【W】切换到【选择并移动】按钮，然后重复刚才的流程，创建内扶手。

图 3-37　楼梯创建参数

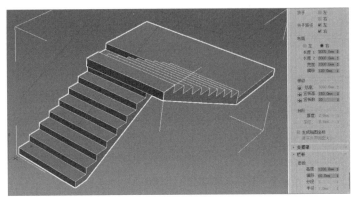

图 3-38　楼梯其他创建参数

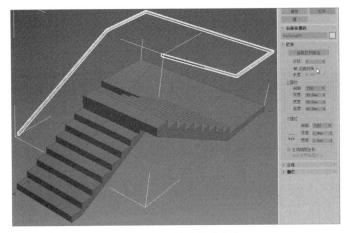

图 3-39　创建扶手栏杆

温馨
提示
　不能一次性创建两个扶手，否则创建了后面的，前面的就会消失。

步骤 04　设置【立柱】参数如图 3-40 所示，用同样的方法把内扶手的立柱也创建好，不同的是把立柱的【计数】改为 20 个。最终效果如图 3-41 所示。

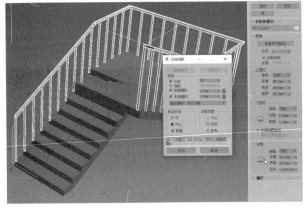

图 3-40　创建立柱

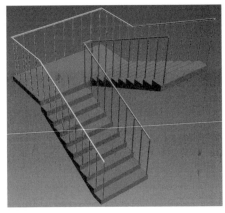

图 3-41　U 型楼梯模型效果

3.5　VRay模型

VRay虽是一个渲染插件，但也有其他功能，在建模方面也有其独特的模型。

3.5.1　VRay地坪

【VRay地坪】模型跟标准几何体里的【平面】模型相似，都是没有厚度的单面，但不同的是后者是有宽度和高度的，而前者是无限大的面。所以一般用【VRay地坪】来绘制没有房间结构的环境效果，如地面或海面。直接单击即可创建，没有创建参数可修改，如图3-42所示。

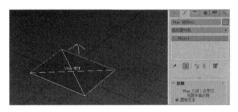

图 3-42　VRay平面

3.5.2　VRay 毛皮

【VRay毛皮】模型必须附着在一个模型上。比如，先绘制一个【平面】模型，如图3-43所示；然后单击【创建】面板→【VRay】→【VRay毛皮】，就会弹出如图3-44所示的参数面板。调整这些参数就能绘制出照片级的毛巾、地毯、毛发等模型。

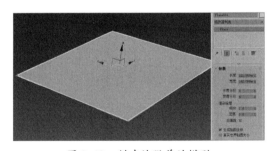

图 3-43　创建被附着的模型

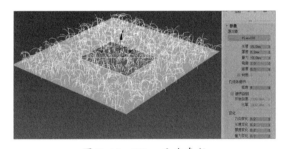

图 3-44　VRay毛皮参数

3.5.3　VRay其他模型

1. VRay 代理

近几年建筑表现行业中比较重大的突破应该是"全模渲染技术"，就是说直接用 3ds Max 绘制，而不像以前一样用Photoshop进行后期处理。该方法巧妙地运用了VRay的代理对象功能，将模型树或车转化为VRay的代理对象。【VRay代理】对象的原理就是能让 3ds Max 系统在渲染时从外部文件导入网格对象，这样可以在制作场景的工作中节省大量的内存；如果需要很多高精度的树或车的模型，并且不需要这些模型在视图中显示，那么就可以将它们导出为【VRay代理】对象，这样可以加快工作流程，最重要的是它能够渲染更多的多边形。【VRay代理】的核心思想是：代理是模型数据，模型数据不带贴图路径，但是会带材质ID分类。

2. VRay 球体

【球体】是由平面模拟的，比如默认的球体分段为32，总共有960个面，增加段数，面数也随之增加。【VRay球体】是0个面，渲染后无限光滑，这样绘制的球体模型效果较好，会减小文件大小，节约计算机资源。

3. VRay 剪裁器

【VRay剪裁器】比较适合做截面、剖面效果图，图 3-45 所示是俯视角度，但顶棚挡住了视线，现在想要看到剖面效果，可以添加【VRay剪裁器】到房屋中间，渲染后的效果如图 3-46 所示。

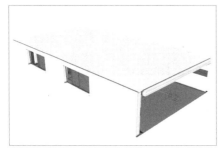

图 3-45　俯视角度的模型

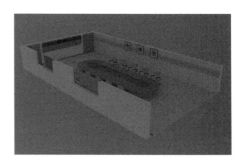

图 3-46　添加【VRay剪裁器】渲染效果

📖 课堂问答

通过本章的讲解，相信大家对标准基本体、扩展基本体、AEC扩展和门窗楼梯建模有了一定的了解，下面列出一些常见的问题供学习参考。

问题 1：创建基本体模型时长、宽、高参数与 X、Y、Z 轴到底是如何对应的？

答：初学者往往把X、Y、Z轴理解为对应长、宽、高，其实不是这样，长、宽、高对应的其实是Y、X、Z轴，如图 3-47 所示。

问题 2：段数有什么用？该如何确定？

答：段数决定模型的精度，特别是对于曲面来说，段数越高，精度越高，相应的文件就越大，而作图时除了考虑效果还不得不考虑效率，所以一般根据模型的视觉效果，取一个合适的值，看起来效果不错但段数又不至于太多，图 3-48 所示是段数为 2 和段数为 5 的弯曲效果。

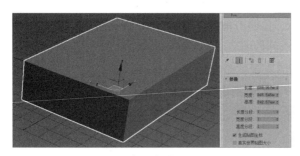

图 3-47　长、宽、高对应Y、X、Z轴

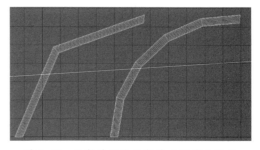

图 3-48　段数为 2 和段数为 5 的弯曲效果

上机实战——绘制岗亭模型

通过本章的学习，为让读者巩固本章知识点，下面讲解一个技能综合案例，使大家对本章的知识有更深入的了解。岗亭模型效果如图 3-49 所示。

效果展示

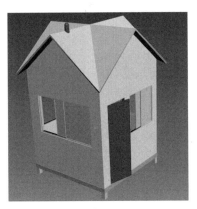

图 3-49 岗亭模型效果

思路分析

这是一个常见的岗亭，结构简单，适合初学者练习。该模型由地台、亭身和屋顶组成。地台全用【长方体】即可绘制完成；亭身可由【AEC 扩展】里的【墙】绘制；门窗可直接用【门】和【窗】里的预置模型创建；屋顶可用后面将要学习的二维建模和多边形建模方法绘制；警灯用【扩展基本体】里的【胶囊】绘制。

制作步骤

步骤 01 绘制岗亭平面线。设置单位为毫米，在顶视图中绘制一个长、宽均为 2000 的矩形，然后单击【创建】面板→【AEC 扩展】→【墙】，设置参数如图 3-50 所示，然后单击【拾取样条线】按钮，拾取矩形。

步骤 02 创建山墙。单击【修改】面板，展开【墙】前面的 ▶ 按钮，选择【剖面】子对象，创建山墙，如图 3-51 所示。然后如法炮制其他山墙。

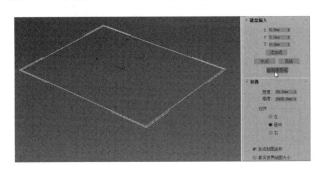

图 3-50 绘制岗亭平面线

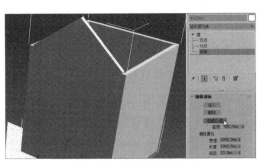

图 3-51 创建山墙

步骤 03　创建屋顶。切换到前视图，按【S】键开启【捕捉开关】按钮 **3²** 并右击设置为 ✓ 顶点，再单击【创建】面板→【图形】图标→【线】，沿着山墙绘制屋顶轮廓线，如图 3-52 所示。

步骤 04　编辑屋顶。单击【修改】面板的下拉菜单，添加一个【挤出】修改器，参数如图 3-53 所示。按快捷键【Alt+A】将屋顶与墙对齐，然后按快捷键【Alt+Q】单独显示屋顶，添加【编辑多边形】修改器，按快捷键【2】选择【边】子对象，选择屋顶的三条边，如图 3-54 所示。单击【连接】后的按钮，将段数设为 1，然后单击【确定】按钮，如图 3-55 所示。

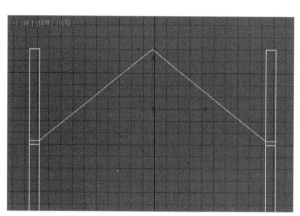

图 3-52　绘制屋顶轮廓线

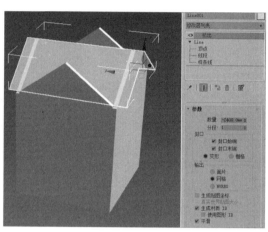

图 3-53　创建屋顶

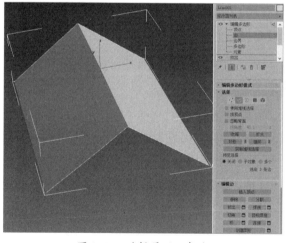

图 3-54　选择屋顶三条边

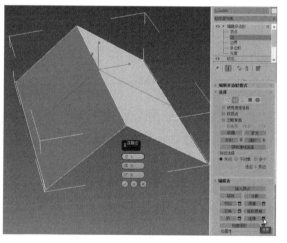

图 3-55　连接屋顶三条边

步骤 05　按快捷键【1】选择【顶点】子对象，选择屋顶顶点和对角顶点，单击【连接】按钮，连接这两点，如图 3-56 所示，用同样的方法创建其余三条边。

步骤 06　选择如图 3-57 所示的两个顶点，右击【选择并移动】按钮 ✛，设置向 Z 轴移动 800。添加一个【壳】修改器，设置其厚度为 40，然后右击视图，取消隐藏，如图 3-58 所示。

步骤 07　切换到前视图，选择屋檐的点，向下拖至与山墙对齐，然后添加一个【平滑】修改器，如图 3-59 所示。

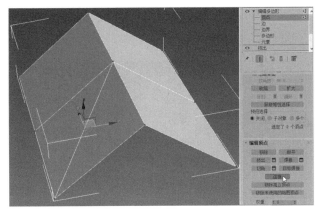

图 3-56 连接顶点创建边

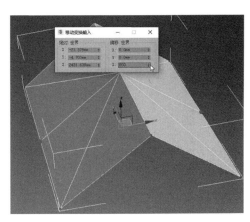

图 3-57 移动顶点

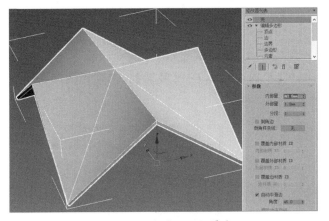

图 3-58 为屋顶添加厚度

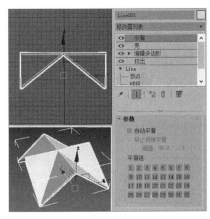

图 3-59 为屋顶添加【平滑】修改器

步骤 08 绘制门窗。右击屋顶后在弹出的快捷菜单中选择【全部取消隐藏】命令,微调顶点,如图 3-60 所示。在顶视图中创建一扇【枢轴门】对象,参数及效果如图 3-61 所示。再在顶视图绘制一扇推拉窗,右击【选择并旋转】按钮 ↻,将其旋转 90°,如图 3-62 所示。

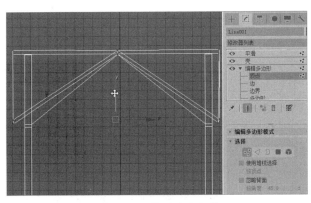

图 3-60 屋顶贴齐山墙

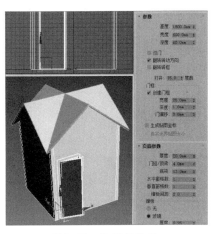

图 3-61 绘制枢轴门

步骤 09 编辑推拉窗。用【选择并移动】按钮 ✥ 将推拉窗移到合适位置，再在【修改】面板里修改其参数，如图 3-63 所示。

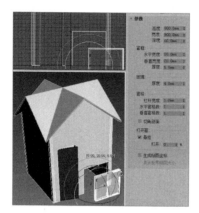

图 3-62 绘制推拉窗

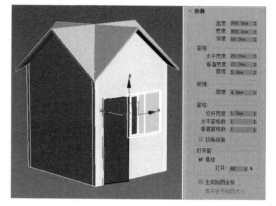

图 3-63 修改推拉窗参数

步骤 10 绘制其他推拉窗。复制推拉窗到其他墙，修改参数如图 3-64 所示。

步骤 11 绘制警灯。单击【创建】面板→【扩展基本体】→【胶囊】，在顶视图创建一个如图 3-65 所示的胶囊，再将其移动到屋顶。

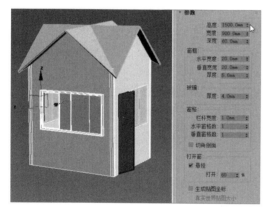

图 3-64 绘制其他面推拉窗

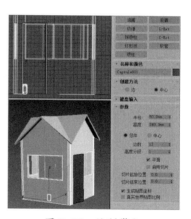

图 3-65 绘制警灯

步骤 12 绘制地台。按快捷键【H】选择最初创建的矩形，单击【修改】面板，将其长、宽均修改为 2100，再添加一个【挤出】修改器，效果如图 3-66 所示。

步骤 13 绘制支架。捕捉顶点绘制一个长方体支架与岗亭对齐，如图 3-67 所示，按快捷键【W】切换到【选择并移动】按钮 ✥，按住【Shift】键复制其余三个支架，如图 3-68 所示，岗亭模型绘制完毕。

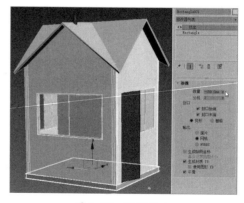

图 3-66 绘制地台

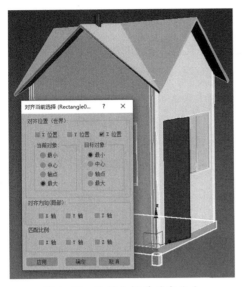

图 3-67 绘制支架并对齐地台

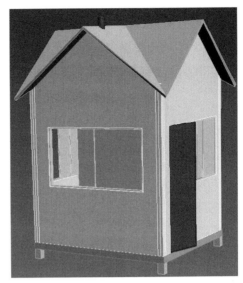

图 3-68 复制支架

同步训练——绘制抽屉模型

通过上机实战案例的学习后，为了增强读者的动手能力，下面安排一个同步训练案例，以让读者达到举一反三的学习效果。绘制抽屉模型的流程如图 3-69 所示。

图解流程

图 3-69 绘制抽屉模型流程

思路分析

此模型可以看作【C-Ext】对象+【长方体】对象+【切角长方体】对象+【切角圆柱体】对象。

关键步骤

步骤 01　在顶视图中创建一个【C-Ext】对象，参考参数如图 3-70 所示。捕捉顶点绘制高度为 10 的底板，然后与【C-Ext】对象对齐。

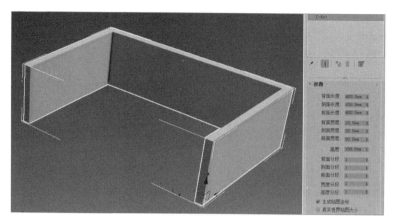

图 3-70　绘制【C-Ext】对象

步骤 02　在左视图中捕捉绘制一个【切角长方体】对象，修改参数如图 3-71 所示。然后与【C-Ext】对象在 Z 轴最小处对齐最小。

步骤 03　在前视图中绘制一个【切角圆柱体】对象，参考参数如图 3-72 所示。然后与【C-Ext】对象在 Z 轴中心对齐中心即可。

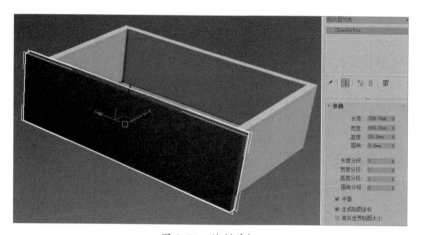

图 3-71　绘制前板

图 3-72　绘制拉手

知识能力测试

一、填空题

1. 在 3ds Max 2022 中有 _____ 种内置门，_____ 种内置植物，_____ 种内置楼梯，_____ 种内置窗户模型。

2.【栏杆】的主要构件是栏杆、_____和_____，它们的剖面形状皆有_____和_____两种。

3. 用【拾取栏杆路径】绘制【栏杆】时，若栏杆在路径拐角处没有匹配上去，则选中_____复选框。

二、选择题

1. 在 3ds Max 2022 中绘制足球可用(　　　)。

A. 异面体　　　　　　B. 球体　　　　　　C. 几何球体　　　　D. 球棱柱

2. 以下(　　　)有切片选项。

A. 长方体　　　　　　B. 四棱锥　　　　　C. 球体　　　　　　D. 几何球体

3. 在 3ds Max 中有(　　　)种绘制软管的方法。

A. 2　　　　　　　　B. 3　　　　　　　　C. 4　　　　　　　　D. 5

4. 绘制地毯可用(　　　)。

A. VRay 地坪　　　　B. VRay 毛皮　　　　C. VRay 代理　　　D. VRay 球体

5. 在 3ds Max 中绘制正形是按(　　　)键。

A. Ctrl　　　　　　　B. Shift　　　　　　C. Alt　　　　　　　D. Alt+Shift

6.【切角长方体】命令在(　　　)下。

A. 标准基本体　　　　B. 扩展基本体　　　C. AEC 扩展　　　　D. 复合对象

7. 下列(　　　)不是【墙】对象的修改层级。

A. 山墙　　　　　　　B. 顶点　　　　　　C. 分段　　　　　　D. 剖面

三、判断题

1.【平面】对象的厚度为 0，【长方体】对象的高度也为 0，它们的面数就是一样的。　　(　　　)

2.【VRay 地坪】对象是无限大的。　　(　　　)

3. 创建基本体模型时，选中【自动栅格】复选框，就可以直接绘制堆叠效果。　　(　　　)

4. 3ds Max 中的【圆柱】对象其实都是棱柱模拟的，其他旋转体也是如此。　　(　　　)

5. 楼梯的【梯级】中 3 个参数只能改其中的两个，另外一个会自动生成。　　(　　　)

6. 用【环形结】命令可以绘制圆环。　　(　　　)

7. 段数越多，效果越好。因此所有模型段数尽量设置多一些。　　(　　　)

8. 创建参数中的长度、宽度和高度分别对应 X 轴、Y 轴和 Z 轴方向。　　(　　　)

9.【几何球体】不属于旋转体。　　(　　　)

10. 在创建【长方体】对象时可以直接创建立方体。　　(　　　)

四、简答题

1. 简述【VRay 代理】和【VRay 剪裁器】命令各自用途。

2.【平滑】修改器和【平滑】选项的作用和原理是什么？

3ds Max 2022

第4章
修改器建模

这一章主要介绍 3ds Max 2022 的修改器建模，包括修改器建模思想及常用修改器的用法。读者一方面需要领悟修改器建模的思想，另一方面也要熟悉它们的使用方法，达到熟能生巧的目的。

学习目标

- 理解修改器建模的思想
- 熟练运用修改器面板
- 熟练运用弯曲、FFD、晶格等修改器

4.1 修改器概述

3ds Max中的修改包括几个方面：一是修改创建参数；二是进行移动、旋转等变换；三是添加空间扭曲；四是添加修改器。修改器几乎在三维制图的各个阶段都会涉及，本章主要讲解三维建模方面的修改器。

4.1.1 堆栈与子对象

要从本质上理解修改器，首先得弄清楚两个基本概念：堆栈和子对象。

堆栈是一个计算机专业术语，简单地说，在3ds Max中添加一个修改器就相当于在一个车间进行了加工，然后再添加另外一个修改器，就相当于转到另外一个车间进行加工，虽然添加同样的修改器，但添加的先后顺序不同，得到的结果就有差异。如图4-1所示，虽然都添加了【锥化】和【弯曲】两个修改器，但添加的顺序不一样，导致最后结果大相径庭。

子对象是3ds Max中一个非常重要的概念，就是说对象添加修改器后能继续细分编辑的对象，是从属于对象的对象。如图4-2所示，展开【编辑网格】修改器就有【顶点】【边】【面】【多边形】【元素】等5个子对象，在编辑时通过运用这些子对象就能把基本体编辑为很复杂的模型。

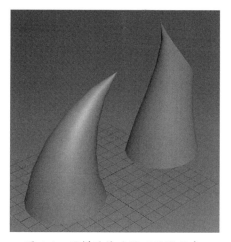

图4-1 同样的修改器不同的顺序

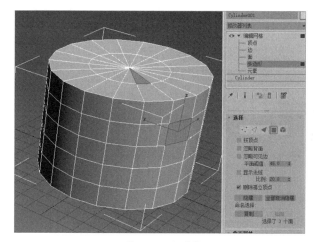

图4-2 子对象

4.1.2 修改器菜单与修改器面板

修改器的种类非常多，但是它们已经被组织到几个不同的修改器序列中。在修改的【修改】面板中的【修改器列表】和菜单栏中的【修改器】菜单里，都可找到这些修改器序列。在菜单栏中，修改器分类以子菜单的形式组织在一起，如图4-3所示；而面板里则显示常用的修改器，如图4-4所示，对应的介绍如表4-1所示。

图 4-3 【修改器】菜单

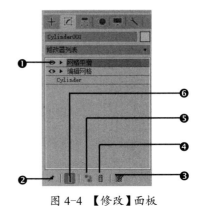

图 4-4 【修改】面板

表 4-1 【修改】面板简介

名称	简介
❶显隐开关	显示当前修改器的效果，单击后就不再显示当前修改器的效果
❷锁定堆栈	开启后右边的修改器就不能移动位置
❸配置修改器集	单击后就能如【修改器】菜单一样分类显示修改器（以按钮形式），也能自定义修改器按钮
❹删除修改器	从堆栈中删除修改器
❺使唯一	若要使【实例】或【参考】复制的对象之间不再关联，就单击此按钮
❻显示最终结果	打开此按钮，即使不在最上的堆栈，也能看到最后结果，关闭此按钮后就只能看到当前堆栈以下的效果

4.2 常用三维建模修改器

这里以一些简单的实例，系统地学习一下常用三维修改器的使用方法。

4.2.1 弯曲

【弯曲】修改器可以沿着任何轴弯曲一个对象。在【参数】卷展栏里可设置【角度】【方向】【弯曲轴】【限制】等参数。

下面以一根吸管为例尝试操作一下。

步骤 01 在顶视图中创建一个【管状体】对象，参数如图 4-5 所示。

步骤 02 切换到【修改】面板，添加【弯曲】修改器，参数如图 4-6 所示。

步骤 03 展开【弯曲】修改器前的 ▶ 按钮，选择【中心】子对象，在视图中将弯曲的中心拖到上半部分，吸管模型创建成功，如图 4-7 所示。

图 4-5　创建管状体

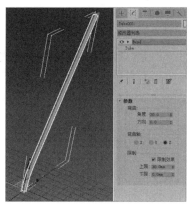
图 4-6　添加【弯曲】修改器

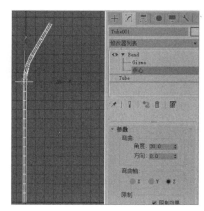
图 4-7　移动弯曲中心

4.2.2　锥化

【锥化】修改器只缩放对象的一端。【参数】卷展栏里包括锥化的【数量】和【曲线】，它们决定锥化的幅度，而【锥化轴】决定了锥化的方向。此外，【锥化】修改器同样包含【限制】选项。

下面以一个伞面为例尝试操作一下。

步骤 01　单击【创建】面板→【图形】图标→【星形】，在顶视图中创建一个参数如图 4-8 所示的星形对象。

步骤 02　为其添加一个【挤出】修改器，参数如图 4-9 所示。

步骤 03　添加一个【锥化】修改器，参数如图 4-10 所示，伞面绘制成功。

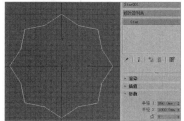
图 4-8　绘制星形对象

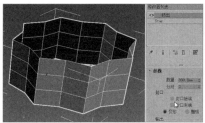
图 4-9　挤出伞面

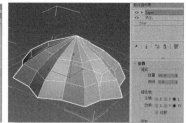
图 4-10　添加【锥化】修改器

4.2.3　FFD

【FFD 方体 / 柱体】修改器能创建方体或柱体的点阵，通过控制点数来变形对象。【尺寸】栏中的【设置点数】按钮可以指定网格控制点数，【选择】按钮可以沿着任何轴选择点。也有固定点阵的【FFD 2×2×2】【FFD 3×3×3】【FFD 4×4×4】。

下面以一个抱枕为例尝试操作一下。

步骤 01　在顶视图创建一个【切角长方体】对象，参数如图 4-11 所示。

步骤 02　添加一个【FFD（长方体）】修改器，设置点数如图 4-12 所示。

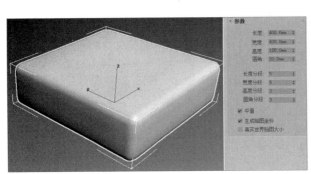

图 4-11　绘制切角长方体

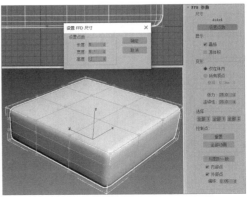

图 4-12　设置【FFD（长方体）】修改器的控制点数

步骤 03　展开【FFD（长方体）】修改器前的▶按钮，选择【控制点】子对象，选择中间 3 列控制点，用【选择并均匀缩放】工具📐锁定 Y 轴缩小适当的比例，再选择最中间的 1 列，继续用【选择并均匀缩放】工具📐锁定 Y 轴缩小至适当的比例，如图 4-13 所示。

步骤 04　用同样的方法缩放 X 轴和 Z 轴的控制点，最终模型效果如图 4-14 所示。

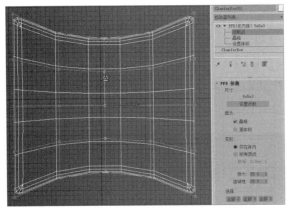

图 4-13　缩放 Y 轴控制点

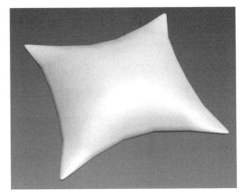

图 4-14　抱枕模型效果

4.2.4　晶格

通过【晶格】修改器能将对象的网格变为线框体或节点。参数有【支柱半径】【节点半径】【光滑】等。下面以一个垃圾桶为例尝试操作一下。

步骤 01　单击【创建】面板→【图形】图标 →【线】，在前视图创建一个如图 4-15 所示的垃圾桶半剖面线。然后单击【修改】面板，按快捷键【2】切换到【线段】子对象，选择桶身那一段，再单击【分离】按钮，将其分离出来，如图 4-16 所示。

步骤 02　按【W】键切换到【选择并移动】按钮✛，选择刚才分离出来的那段线，按快捷键【2】切换到【线段】子对象，在【拆分】按钮后输入 5，再单击【拆分】按钮，将线段平分为 6 段，如图 4-17 所示。

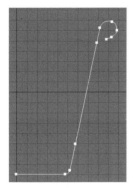 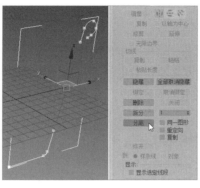 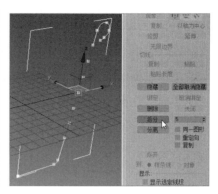

图 4-15　绘制垃圾桶半剖面轮廓　图 4-16　分离桶身轮廓线　图 4-17　拆分桶身线段

步骤 03　选择桶身之外的轮廓线，添加一个【车削】修改器，设置参数如图4-18所示。将【车削】修改器直接拖到桶身轮廓线上生成桶身，如图4-19所示。

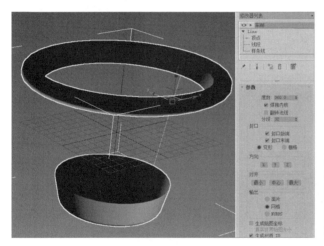 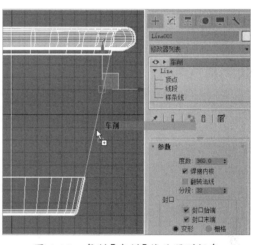

图 4-18　车削生成桶底及桶口　　　　　图 4-19　复制【车削】修改器到桶身

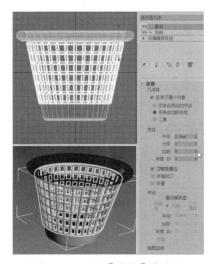

图 4-20　添加【晶格】修改器

步骤 04　添加一个【晶格】修改器，设置参数如图4-20所示。再为桶底加一个【壳】修改器，最终模型效果如图4-21所示。

图 4-21　垃圾桶模型效果

4.2.5 扭曲

通过【扭曲】修改器可以使对象沿着某一指定的轴向进行扭转变形。

- 【扭曲角度】：决定对象扭转的角度大小，数值越大，扭转变形就越厉害。
- 【偏移】：数值为 0 时，扭转均匀分布；数值大于 0 时，扭转程度向上偏移；数值小于 0 时，扭转程度向下偏移。
- 【上限】和【下限】：决定对象的扭转限度。

下面以一个冰激凌为例尝试操作一下。

步骤 01　先在顶视图中绘制一个【圆锥体】和【圆环】对象，如图 4-22 所示。

步骤 02　再绘制一个【星形】对象，添加一个【挤出】修改器，注意段数，如图 4-23 所示。

步骤 03　添加一个【锥化】修改器，设置参数如图 4-24 所示。

步骤 04　添加【扭曲】修改器，设置参数如图 4-25 所示，冰激凌模型创建成功。

图 4-22　绘制【圆锥体】和【圆环】对象

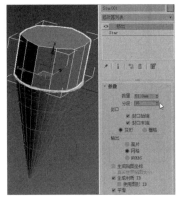

图 4-23　绘制【星形】对象并挤出

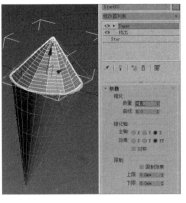

图 4-24　添加【锥化】修改器

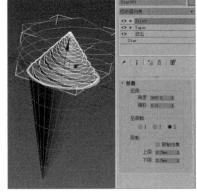

图 4-25　添加【扭曲】修改器

4.2.6 噪波

通过【噪波】修改器能随机变化顶点的位置。首先通过【参数】卷展栏的【变化】值确定噪波的大小，然后通过【分形】选项控制噪波的形状，最后通过【强度】来设定噪波的幅度。由于噪波具有随机的特性，常被用于动画中水的表面运动，噪波的【动画】设置包括【动画噪波】【频率】【相位】参数。比如绘制一座山，就可以用此修改器。

步骤 01　创建一个【NURBS 曲面】对象，参数如图 4-26 所示。

步骤 02　添加【噪波】修改器，参考参数如图 4-27 所示。

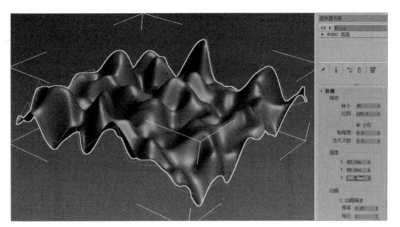

图 4-26 创建 NURBS 曲面 　　　　图 4-27 添加【噪波】修改器

4.2.7 补洞

利用【补洞】修改器能找到几何体对象破损的面片。当导入对象时，有时会丢失面。此修改器能检验并且沿着开口的边创建一个新面来消除破损。修复坏面参数包括【平滑新面】【与旧面保持平滑】【三角化封口】。

4.2.8 壳

利用【壳】修改器可以使单面变为双面，从而具有厚度的效果。例如，绘制包装盒、瓶子等，就可用单面编辑，再添加【壳】修改器。【倒角边】参数利用弯曲线条可以控制外壳边缘的形状。

课堂范例——绘制欧式吊灯

步骤 01 绘制中轴。在顶视图绘制一个【圆柱体】对象，参数如图 4-28 所示。

步骤 02 添加一个【FFD（圆柱体）】修改器，设置 FFD 尺寸如图 4-29 所示。

步骤 03 选择【控制点】子对象，通过【选择并移动】按钮➕在前视图调好位置，然后选择一整层的控制点，按空格键锁定选择，到顶视图用【选择并均匀缩放】工具🔲锁定 XY 轴缩放调整，参考效果如图 4-30 所示。

图 4-28 绘制圆柱体

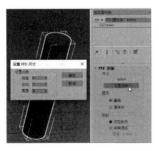
图 4-29 设置 FFD 尺寸

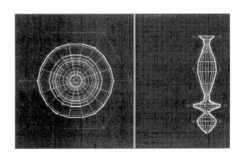
图 4-30 调整控制点

步骤 04 单击【创建】面板→【图形】图标→【线】，在前视图中绘制一根如图 4-31 所示 的 线。然后按快捷键【1】切换到【顶点】子对象，选择所有的顶点，右击改为【Bezier】，如图 4-32 所示。通过拖动鼠标控制柄调整为如图 4-33 所示的形状，然后展开【渲染】卷展栏，设置参数如图 4-34 所示。

  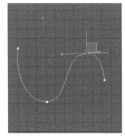 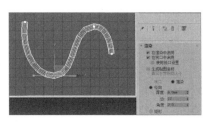

图 4-31 绘制样条线　图 4-32 改变节点类型　图 4-33 调整样条线　　图 4-34 设置渲染属性

步骤 05 绘制烛台。在顶视图中绘制如图 4-35 所示的【圆柱体】对象，添加一个【锥化】修改器，参数如图 4-36 所示。然后将其对齐支架。

步骤 06 绘制蜡烛造型。单击【创建】面板→【图形】图标→【星形】，在顶视图绘制一个星形，参数如图 4-37 所示。

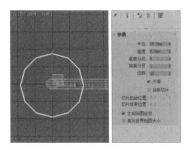 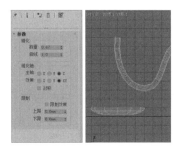 

图 4-35 绘制圆柱体　　　　图 4-36 添加【锥化】修改器　　　图 4-37 创建星形

步骤 07 依次添加【挤出】【锥化】【扭曲】修改器，参数如图 4-38 所示。再将蜡烛造型与烛台对齐，效果如图 4-39 所示。

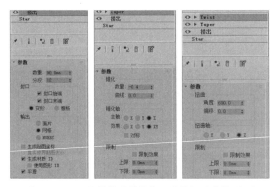 

图 4-38 添加【挤出】【锥化】【扭曲】修改器　　　　图 4-39 蜡烛造型效果

步骤08 绘制灯泡。单击【创建】面板→【图形】图标→【线】，在前视图绘制一条如图 4-40 所示的线，然后切换到【修改】面板，按快捷键【1】进入【顶点】子对象，选择所有顶点，将其更改为【Bezier】类型，然后调整为如图 4-41 所示的形状，再添加【车削】修改器，参数及效果如图 4-42 所示。

步骤09 选择除中轴外的所有对象，群组起来，如图 4-43 所示。切换为【使用变换坐标中心】，然后选择【拾取】坐标系，拾取中轴对象，坐标中心变换成功，如图 4-44 所示。

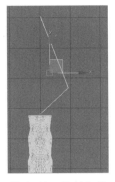

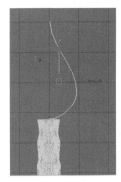

图 4-40 绘制灯泡 半剖面轮廓

图 4-41 修改灯泡 轮廓

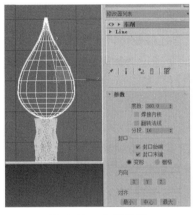

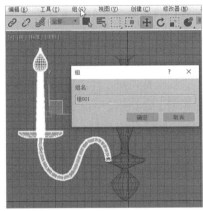

图 4-42 车削成型

图 4-43 群组灯组件

图 4-44 改变坐标系统及中心

步骤10 在菜单栏中选择【工具】→【阵列】命令，在弹出的对话框中按如图 4-45 所示的参数进行设置。再用阵列的方法绘制一条链子，最终吊灯模型效果如图 4-46 所示。

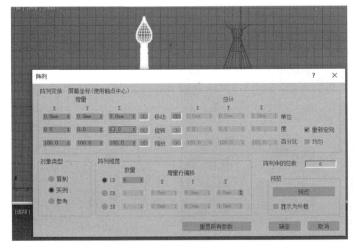

图 4-45 阵列

图 4-46 吊灯模型效果

课堂问答

问题1：为什么弯曲、扭曲等转折很生硬？

答：修改器的效果都与模型本身的段数有关，对同样一个圆柱体添加【弯曲】修改器，但高度上的段数分别为2、3、5、9，效果如图4-47所示。需要注意的是，此时与弯曲轴无关的段数则影响不大，所以在作图的时候不要为求效果更好盲目地增加段数，而应在需要的轴向增加段数。

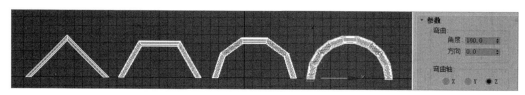

图4-47　不同段数的弯曲效果

问题2：【平滑】【网格平滑】【涡轮平滑】修改器的区别是什么？

答：【平滑】修改器只是在视觉显示上平滑，模型本身的面数没有任何变化，跟绘制旋转体时选择的【平滑】选项效果类似，而【网格平滑】与【涡轮平滑】修改器则是通过增加面数来使模型平滑。在实际制图中，若只是表面看起来不够光滑，用【平滑】修改器即可，若要使模型造型细腻光滑，如绘制产品造型，就可用【网格平滑】或【涡轮平滑】修改器。

【涡轮平滑】是后起的修改器，可以看作是【网格平滑】修改器的升级版，其算法非常优秀，对显卡的要求非常低，比如【网格平滑】修改器迭代2次计算机就比较卡，而【涡轮平滑】修改器却可以轻松迭代到6次。不过【涡轮平滑】修改器的稳定性不如【网格平滑】修改器好，有时模型会发生奇怪的穿洞或拉扯现象，此时可试着把【涡轮平滑】修改器换成【网格平滑】修改器。

上机实战——绘制床头柜

通过本章的学习，为让读者巩固本章知识点，下面讲解一个技能综合案例，使大家对本章的知识有更深入的了解。

床头柜的模型效果如图4-48所示。

效果展示

图4-48　床头柜的模型效果

此床头柜大致由上下两部分构成。上部可用【切角长方体】对象绘制，用【编辑网格】修改器编辑，再用【长方体】【圆锥体】对象绘制抽屉门。下部用【圆柱体】对象加【锥化】修改器绘制柜腿，用【长方体】对象连接柜腿，再阵列【切角长方体】对象即可。

制作步骤

步骤01 绘制柜体。在顶视图创建一个参数如图 4-49 所示的切角长方体，然后添加一个【编辑网格】修改器，在透视图中按快捷键【F4】带边面显示，按快捷键【4】进入【多边形】子对象，然后选择前面的多边形，在【挤出】按钮后的框里输入-10，然后单击【挤出】按钮，如图 4-50 所示。

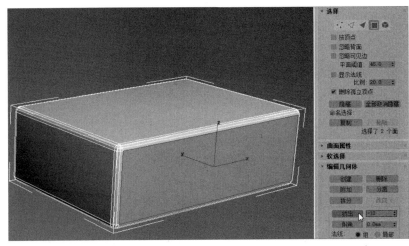

图 4-49　创建【切角长方体】对象　　　　　　图 4-50　挤出面

步骤02 绘制柜门。右击【选择并均匀缩放】按钮，在弹出的对话框中设置缩放比例为95，如图 4-51 所示。在【挤出】按钮后的框里输入 10，然后单击【挤出】按钮，如图 4-52 所示。按快捷键【4】关闭子对象。

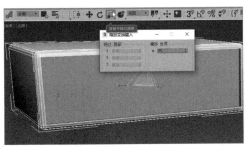

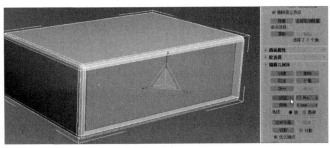

图 4-51　缩放多边形　　　　　　　　　图 4-52　挤出柜门

步骤03 绘制拉手。单击【创建】面板→【几何体】图标→【圆锥体】按钮，选中【自动栅格】复选框，绘制一个【圆锥体】对象，设置参数如图 4-53 所示。然后在 X 轴与 Z 轴中心对齐柜门。

步骤04 绘制柜腿。在顶视图绘制一个【圆柱体】对象，参数如图 4-54 所示。

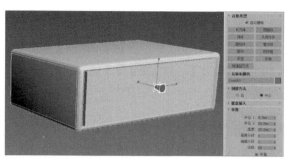

图 4-53　绘制拉手

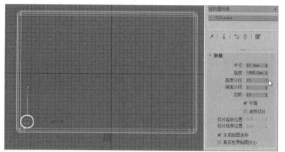

图 4-54　创建【圆柱体】对象

步骤 05　添加一个【FFD（圆柱体）】修改器，按快捷键【1】进入【控制点】子对象，将自下往上数第 2 行的控制点移到下部。然后全选最下层的控制点，右击【选择并均匀缩放】按钮，在弹出的对话框中设置缩放比例为 50，如图 4-55 所示。然后按快捷键【1】取消选择子对象。

步骤 06　切换到顶视图，按快捷键【W】切换到【选择并移动】按钮，按住【Shift】键锁定X轴向上拖动复制，然后按【Ctrl】键加选另一条柜腿，按住【Shift】键锁定Y轴向右拖动复制，效果如图 4-56 所示。

图 4-55　缩放控制点

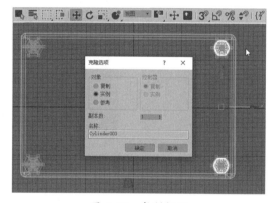

图 4-56　复制柜腿

步骤 07　在顶视图中创建一个【切角长方体】对象，参数如图 4-57 所示。按快捷键【E】切换到【选择并旋转】按钮，按快捷键【A】开启【角度捕捉切换】按钮，按住【Shift】键选择切角长方体旋转 90°并复制，移动位置并修改参数，如图 4-58 所示。然后将其复制到另外两边。

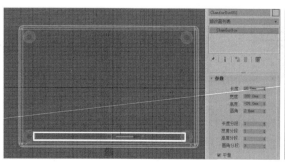

图 4-57　创建【切角长方体】对象

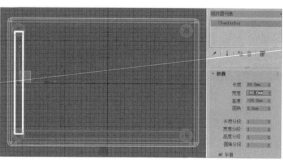

图 4-58　复制切角长方体

步骤08　选择短边横梁，按住【Shift】键向下复制，将高度改为-15，再复制到另外一边，如图 4-59 所示。在顶视图绘制一个长、宽、高分别为 20、400、10，以及圆角为 2 的【切角长方体】对象作为搁板，对齐横梁，如图 4-60 所示。最后阵列搁板，如图 4-61 所示，床头柜模型绘制完成。

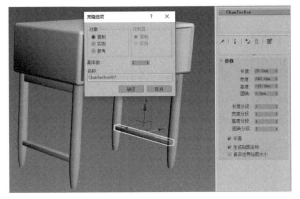

图 4-59　绘制横梁 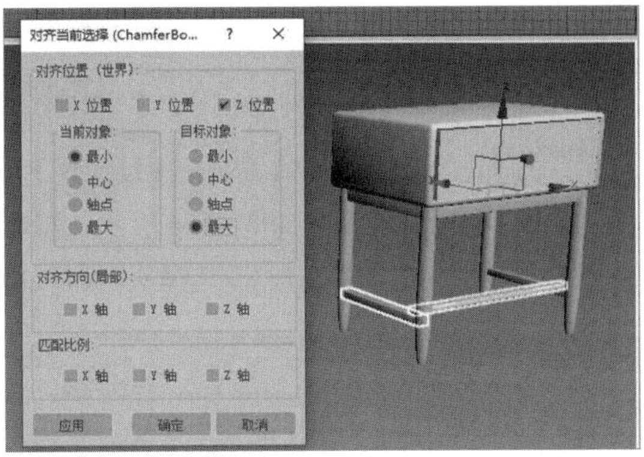　　　　　　　　　　　　图 4-60　绘制搁板

图 4-61　阵列搁板

◉ 同步训练——绘制足球

通过上机实战案例的学习，为了增强读者的动手能力，下面安排一个同步训练案例，以让读者达到举一反三的学习效果。绘制足球的流程如图 4-62 所示。

图解流程

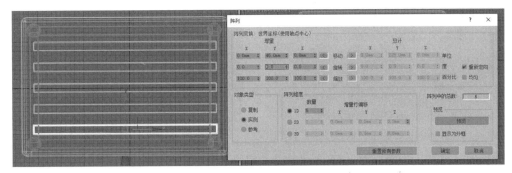

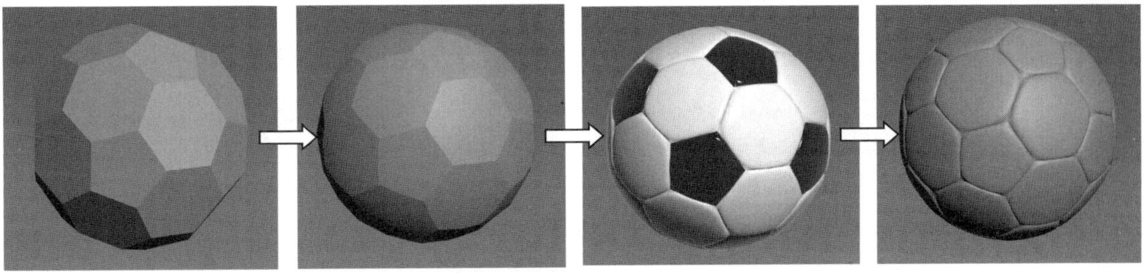

图 4-62　绘制足球的流程

先用【异面体】对象创建大体造型，再用【编辑网格】修改器拆分，然后再用【球形化】修改器使其成为球形，用【编辑网格】修改器挤出元素，添加【网格平滑】修改器使其有外皮凹凸感，最后调制黑白两色的【多维/子对象】材质指定给它即可。

步骤 01 单击【创建】面板→【几何体】图标→【扩展基本体】列表→【异面体】按钮，创建一个【异面体】对象，其参数如图 4-63 所示。然后添加【编辑网格】修改器，按快捷键【5】切换到【元素】子对象，按快捷键【Ctrl+A】选择所有面，再单击【炸开】按钮将所有的面拆分，如图 4-64 所示。

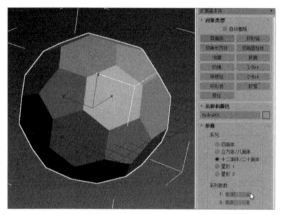

图 4-63　创建异面体

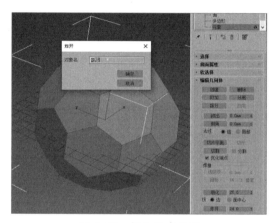

图 4-64　拆分所有的面

步骤 02 选择一个面，单击【附加列表】按钮将所有对象附加起来，再添加【网格平滑】修改器细化这些面，如图 4-65 所示。添加【球形化】修改器后，再次添加【编辑网格】修改器，全选元素，在【挤出】后面的框中输入 2，如图 4-66 所示。

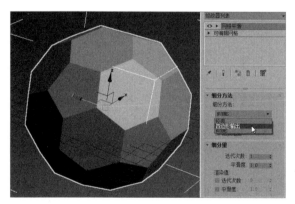

图 4-65　通过网格平滑细分面

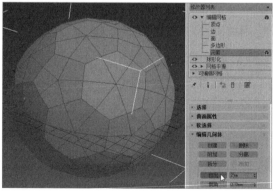

图 4-66　选择所有元素挤出

步骤 03 如图 4-67 所示，再次使用【网格平滑】修改器，模型创建完毕。按快捷键【M】，用【多维/子对象】材质的调制方法为其指定材质，效果如图 4-68 所示。

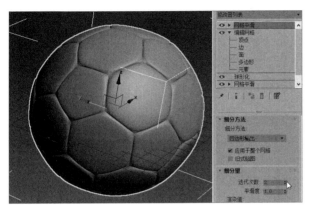

图 4-67 再次平滑网格

图 4-68 赋上多维/子对象材质

知识能力测试

一、填空题

1.【晶格】修改器能将对象的网格变为_____和_____。

2.【编辑网格】修改器有_____个子对象，进入【多边形】子对象的快捷键是_____。

3. 利用_____修改器可以使单面变为双面，从而具有厚度的效果。

二、选择题

1. 在 3ds Max 中,【FFD】修改器有( )种。

A. 2   B. 3   C. 4   D. 5

2. 利用( )修改器能找到几何体对象破损的面片。

A. 壳   B. 补洞   C. 晶格   D. 锥化

3. 在【编辑网格】修改器中，能一次性分解所有元素的按钮是( )。

A. 分离   B. 附加   C. 炸开   D. 细化

4. 要使【实例】复制的对象解除关联关系，单击【修改器】面板中的( )按钮即可。

A. 🖊️   B. ▯   C. 🔘   D. 🗑️

5. 下列哪个不是【噪波】修改器的参数？ ( )

A. 角度   B. 强度   C. 种子   D. 分形

6. 以下属于【弯曲】【扭曲】【锥化】的共同参数的是( )。

A. 数量   B. 角度   C. 方向   D. 限制

7. 显示修改器最终效果的按钮是( )。

A. 👁️   B. ▯   C. 🖼️   D. 🖊️

三、判断题

1. 修改器的顺序可以改变且对模型效果没有影响。 ( )

2. 可以自定义一个修改器集按钮快速添加修改器。 ( )

3.【平滑】修改器和【网格平滑】修改器在本质上是一样的。 （　　）

4.【锥化】修改器数量最小值为-1。 （　　）

5. 可以直接拖动修改器到另外一个模型上达到复制修改器的目的。 （　　）

6. 在 3ds Max 中二维图形不加修改器就无法渲染出来。 （　　）

7. 对模型使用【网格平滑】修改器后的光滑程度与模型的段数有关。 （　　）

四、简答题

1. 3ds Max 模型中的分段数有什么作用？如何设置？

2. 请列举 5 个以上三维建模修改器。

3ds Max 2022

二维建模灵活易用,是三维建模的基础,线条更是造型中一个至关重要的元素。因此,本章内容非常重要。本章主要介绍二维图形的创建、二维图形的编辑和4个常用的二维修改器。

学习目标

- 掌握二维图形的创建方法
- 熟练绘制、编辑二维图形
- 熟练地运用4个二维修改器生成三维模型
- 能用二维建模的思想分析模型并能绘制表达

5.1 创建二维图形

二维图形的创建方法跟基本几何体类似，在【创建】面板下的【图形】中有众多类型的线条样式。

根据运动变化的思想，线是点运动的轨迹，面是线运动的轨迹，体是面运动的轨迹。运动又分为线性运动和旋转运动两种。线性运动又有直线运动和曲线运动之分。3ds Max 的二维建模方法中就有这种思想的体现，如图 5-1 所示。在后面的学习实践中，希望读者结合这些思想来理解建模，这样就会从本质上掌握其中的诀窍。

图 5-1　二维建模中的运动思想

5.1.1　线

绘制贝塞尔（Bezier）曲线是矢量绘图的基础，很多图形图像软件（如 Photoshop、Illustrator、CorelDRAW、InDesign 等）都能绘制贝塞尔曲线，方法也是大同小异。下面就来看看贝塞尔曲线的绘制方法。

绘制线的动作有两个：单击和拖动。默认设置【初始类型】为【角点】，【拖动类型】为【Bezier】。也就是说，我们单击 ▢ 线 ▢ 按钮后，直接单击绘制出的就是直线段，拖动绘制出的就是贝塞尔曲线，如图 5-2 所示。当然，有时为了绘图的方便也可以设置【初始类型】为"平滑"，【拖动类型】为"角点"，如图 5-3 所示的曲线。

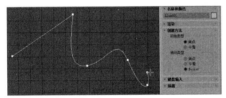

图 5-2　默认设置绘制线的效果

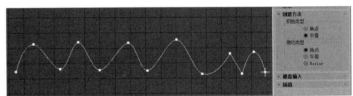

图 5-3　更改设置绘制线的效果

> **技能拓展**　对于初学者难以很快直接绘制准确的曲线，可以采用"先直后曲"的策略，即按默认的创建方法，先在关键点处单击绘制出直线，然后更改其节点类型，再调整控制点，具体方法参照本章实例。

5.1.2　文本

文本的创建很简单，单击 ▢ 文本 ▢ 按钮后在视图中单击即可，如图 5-4 所示，然后就能改变字体、内容、大小、间距、对齐方式等。

图 5-4　创建文本

温馨提示

要创建竖排文本，得选带"@"的字体并且旋转-90°，如图 5-5 所示。

图 5-5　创建竖排文本

5.1.3　其他

1. 多边形与星形

通过【多边形】按钮能绘制正多边形。需要注意的是，可以为绘制的多边形对象进行圆角处理（调整【角半径】参数），甚至可以直接绘制圆形（选中【圆形】复选框），如图 5-6 所示。星形的两个半径也可以实现圆角，并且还可以整体扭曲，如图 5-7 所示。

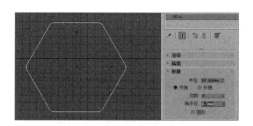

图 5-6　多边形创建参数

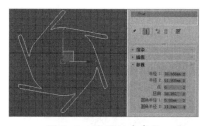

图 5-7　星形创建参数

2. 螺旋线与卵形

通过【螺旋线】按钮能绘制空间的螺旋线，如图 5-8 所示。【卵形】对象其实是一个蛋状的外形，选中【轮廓】复选框就可创建一个蛋形的"圆环"，如图 5-9 所示。

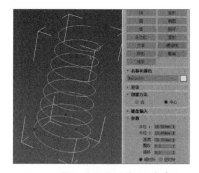

图 5-8　【螺旋线】对象创建参数

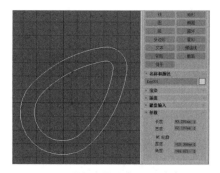

图 5-9　【卵形】对象的创建参数

3. 截面

【截面】对象是个另类，不能像其他二维图形一样直接创建，而必须要在三维几何体上创建。截面就像是把一个三维几何体一刀切开的剖切面一样。下面以【茶壶】对象为例，看一下如何创建截面。

步骤01 创建一个【茶壶】对象，然后单击【创建】面板→【图形】图标→【截面】按钮，拖动创建一个截面对象，如图 5-10 所示。

步骤02 单击【修改】面板，按快捷键【W】切换到【选择并移动】按钮 ✛，将截面对象沿 Z 轴移到茶壶中间一点的位置，此时 创建图形 按钮被激活，在视图中可以看到黄色的截面形状；再按快捷键【E】切换到【选择并旋转】工具 ↻，将截面旋转一定角度，做出斜剖的样子，如图 5-11 所示。

图 5-10　创建截面

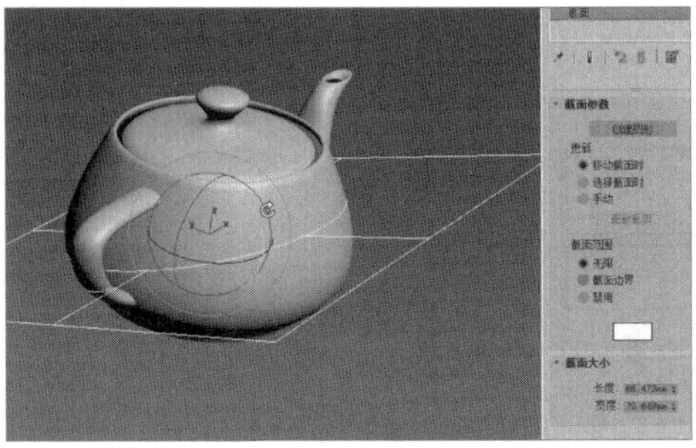

图 5-11　移动截面

步骤03 单击 创建图形 按钮，就生成了一个断面的二维图形，如图 5-12 所示。

步骤04 按快捷键【Alt+Q】，单独显示截面图形，如图 5-13 所示。

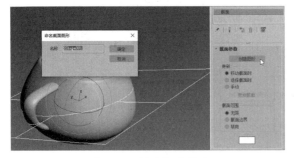
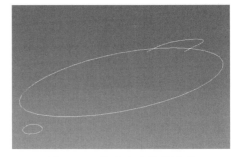

图 5-12　创建截面图形

图 5-13　单独显示截面图形

4. 其余图形

剩下的二维图形的创建方法基本都很简单，在此不再赘述，参考效果如图 5-14 所示。

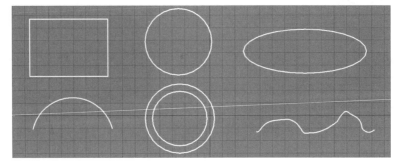

图 5-14　矩形、圆形、椭圆、圆弧、圆环、徒手图形对象效果

5.2 修改样条线

可以直接创建的图形一般都是基本形，很多图形一般在创建后都要经过修改和编辑，下面从修改创建参数和编辑样条线两个方面来介绍。

5.2.1 修改创建参数

对于长、宽、半径等几何参数这里不再赘述，这里介绍一下【渲染】卷展栏和【插值】卷展栏。

1.【渲染】卷展栏

从几何理论上讲，点无大小，结合前面提到的运动思想，那么线就无粗细，面也无厚薄（所以前面基本几何体里有个只有一个面的平面，其实就是理论上的面）。因此，直接绘制的二维图形渲染后是看不到的。但现实中的线是有粗细的，为了满足理论和实际的需要，3ds Max 就设置了一个【渲染】卷展栏，如图 5-15 和表 5-1 所示。

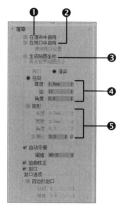

图 5-15 【渲染】卷展栏

表 5-1 【渲染】卷展栏的布局简介

名称	简介
❶ 在渲染中启用	渲染时显示图形轮廓粗细
❷ 在视口中启用	在视口中显示图形轮廓粗细
❸ 生成贴图坐标	生成与三维几何体一样的贴图坐标
❹ 轮廓剖面形状为圆形	圆形线剖面及参数
❺ 轮廓剖面形状为矩形	矩形线剖面及参数

2.【插值】卷展栏

前面提到过，一般情况下在 3ds Max 中没有真正的曲线和曲面，曲线是通过直线片段模拟的，曲面是通过平面片段模拟的，【插值】卷展栏就体现了这一思想。图 5-16 就是绘制【圆】对象时，不同插值的形状。

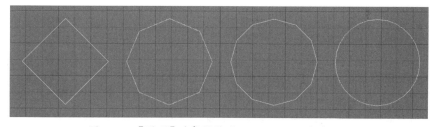

图 5-16 【圆形】对象插值为 0、1、2、6 时的形状

选中【优化】复选框就会自动优化插值，选中【自适应】复选框步数立即失效，马上变得很光滑。

插值就相当于前面讲的"段数"，可以根据实际情况调整一个最佳平衡值。

5.2.2 编辑样条线

要对二维图形进行深入编辑，就得添加【编辑样条线】修改器，或者右击，选择【转换为：】→【转换为可编辑样条线】命令，从而获得更多的编辑工具。从右键弹出的左上菜单或修改器堆栈中可以看到，【可编辑样条线】包含【顶点】【线段】【样条线】三个子对象。

1. 顶点的类型

进入【顶点】子对象，右击后在左上四元菜单看到点有 4 类，即【角点】【平滑】【Bezier】【Bezier角点】，如图 5-17 所示。【角点】和【平滑】点没有控制手柄，都是直接硬拐和平滑；【Bezier】有两个可同时调节的控制手柄，一般也为光滑拐角，但难于硬拐；【Bezier角点】也有两个可以单独调节的控制手柄，可光滑，也可硬拐。通过这 4 种点即可绘制出丰富的二维图形。

2. 线段和样条线的类型

进入【线段】子对象，右击后在左上四元菜单看到点有【线】（直线）和【曲线】两类，如图 5-18 所示。【样条线】的类型也是这样。

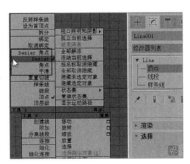
图 5-17　顶点的 4 种类型

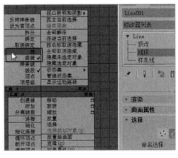
图 5-18　线段的两种类型

3. 样条线的编辑

可编辑样条线在每个子对象层级都提供了丰富的造型工具，在【顶点】、【线段】、【样条线】子对象里有如图 5-19 所示的命令，可编辑样条线中的相关命令如表 5-2 所示。可编辑样条线有着众多的工具按钮，需要读者认真学习和掌握。

①进行布尔运算之前必须先执行【附加】命令且图形之间有交集。
②有时布尔运算会失败，这时可以用【修剪】命令。
③修剪完成后必须执行【焊接】命令才能成为封闭图形。
④若要直接绘制成为一个图形，就要在【创建】面板取消选中【开始新图形】复选框。

表 5-2 编辑样条线命令简介

名称	简介
断开	把线从该点打断
附加	可把其他的线条对象结合到一起
焊接	把距离低于阈值（随后的输入框）的两个点焊接到一起
连接	在两个点之间添加线段连接
熔合	将两个点的位置设为重叠（并不焊接，仍为两个点）
循环	按顶点顺序循环选择
相交	在距离低于阈值（随后的输入框）的两个样条线交叉处单击，在交点处加顶点
插入	连续插入顶点
圆角	圆弧倒角
切角	直线倒角
设为首顶点	将选择顶点设为起始点
拆分	相当于在线段上均匀加点
分离	与【附加】相反的操作
轮廓	为样条线加一个宽度
反转	将起点和终点交换
布尔	在两条样条线之间进行并集、差集、交集的布尔运算
镜像	将选定样条线镜像
修剪、延伸	可以对样条线进行修剪与延伸
炸开	把所有顶点断开

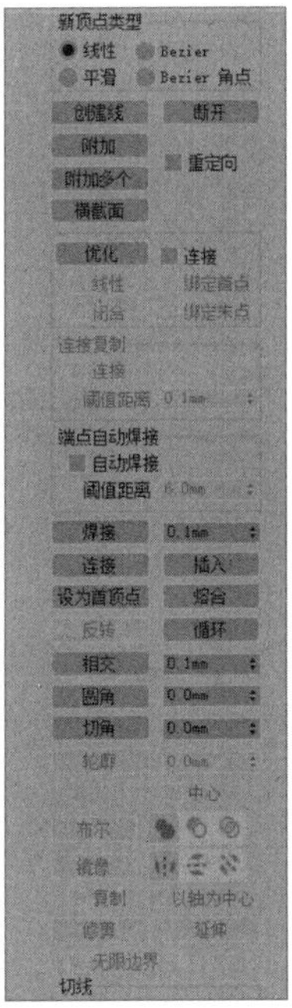

图 5-19 编辑样条线

📖 课堂范例——绘制铁艺围栏

步骤 01 单击【创建】面板→【图形】图标→【线】按钮，在前视图中单击关键点，绘制如图 5-20 所示的粗略形状。

步骤 02 选择一根样条线，右击选择【附加】命令，将另外两根样条线附加在一起，如图 5-21 所示。然后按快捷键【1】进入【顶点】子对象，按快捷键【Ctrl+A】选择所有顶点，右击改为【Bezier】点。

步骤 03 选择控制点，通过【选择并移动】按钮➕将样条线调得比较圆滑，如图 5-22 所示。

步骤 04 调整完毕后，按快捷键【3】进入【样条线】子对象，按快捷键【Ctrl+A】选择所有样条线，为其添加轮廓，如图 5-23 所示。

步骤 05 继续选择所有样条线，选中【复制】和【以轴为中心】复选框，单击【水平镜像】按钮镜像一次，然后拖动到如图 5-24 所示的位置，再单击【垂直镜像】按钮镜像一次。

图 5-20　绘制铁艺围栏关键点

图 5-21　附加其他样条线

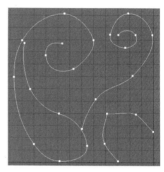

图 5-22　调整顶点控制柄

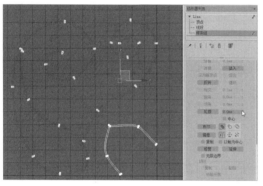

图 5-23　为样条线添加轮廓

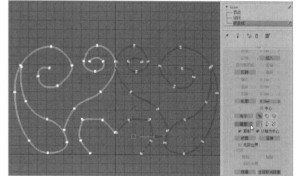

图 5-24　镜像样条线

步骤 06　如图 5-25 所示绘制两个矩形，与其他造型全部附加，再切换到【顶点】子对象，把需要焊在一起的顶点移到合适的位置。

步骤 07　按快捷键【3】切换到【样条线】子对象，选择一条样条线，单击【并集】按钮，再单击【布尔】按钮，依次焊接，形成一个整体，如图 5-26 所示。

步骤 08　按快捷键【3】取消选择【样条线】子对象，添加【挤出】修改器，铁艺围栏花型模型创建完成，如图 5-27 所示。

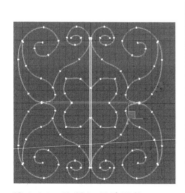

图 5-25　绘制矩形并调整
顶点位置

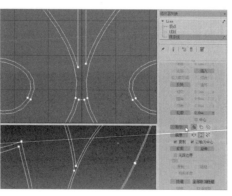

图 5-26　焊接图形

图 5-27　挤出形成三维
铁艺围栏

5.3 常用的二维修改器

在本章开头从运动思想的角度切入简述将二维图形生成三维几何体的思想，对应到 3ds Max 则为 4 个修改器（【挤出】【车削】【倒角】【倒角剖面】）和 1 个创建命令（【放样】），【放样】命令将在后面的章节中介绍，这里先介绍一下前面 4 个修改器。

5.3.1 挤出

【挤出】修改器其实可以看成二维图形沿着一条直线运动形成的轨迹，其实前面已经多次用到过，参数也比较简单，相信读者已经熟悉，这里就不再赘述。

5.3.2 车削

【车削】修改器体现的是二维图形的旋转运动，类似于陶瓷车间的拉坯工艺。例如，一个圆柱体，若我们认为是一个圆沿着其垂直高度方向运动一段直线距离形成的，那是【挤出】修改器的思想；而若我们认为是一个长方形绕着一条边旋转 360° 形成的，则是【车削】修改器的思想。前面已经介绍过此修改器，后面内容也会有涉及，故在此也不再赘述。

5.3.3 倒角

【倒角】修改器其实是【挤出】的一种衍生命令，不同的是，【倒角】修改器在挤出的过程中可以将【挤出】对象的一面或两面进行三维倒角。下面以一个电视节目片头文字为例介绍此修改器。

步骤 01 单击【创建】面板→【图形】图标→【文本】按钮，创建文本对象，参数如图 5-28 所示。

步骤 02 添加【倒角】修改器，参数及效果如图 5-29 所示。

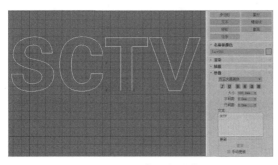
图 5-28 创建文本对象

图 5-29 倒角成型

5.3.4 倒角剖面

【倒角剖面】修改器的建模思想其实与【倒角】修改器的关系不大，而更像是后面章节里讲的【放样】命令，其实就是一个剖面沿着路径运动形成的轨迹。下面以一个果盘为例介绍这个修改器。

步骤 01　在顶视图创建一个【星形】对象，参数如图 5-30 所示。

步骤 02　在前视图单击【创建】面板→【图形】图标→【线】按钮，在前视图绘制果盘半剖面图形，如图 5-31 所示。

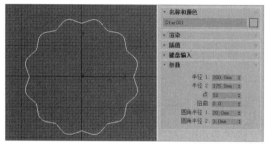

图 5-30　绘制果盘外形路径

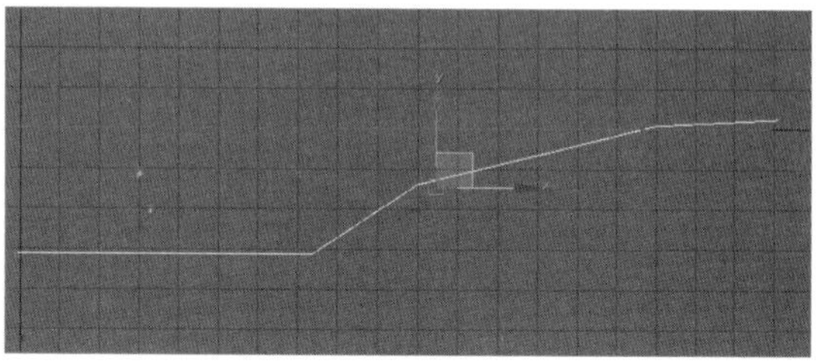

图 5-31　绘制果盘半剖面

步骤 03　将所有的顶点转为【Bezier】，调整控制点使其平滑，如图 5-32 所示。

步骤 04　按快捷键【3】进入样条线子对象，添加 2 毫米轮廓，如图 5-33 所示。

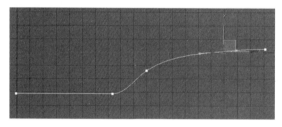
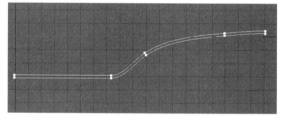

图 5-32　将剖面调整平滑

图 5-33　为剖面添加轮廓

步骤 05　选择最右侧两个顶点，设置【圆角】参数如图 5-34 所示。

步骤 06　选择之前创建的星形路径，添加【倒角剖面】修改器，选择【经典】模式，拾取剖面，如图 5-35 所示。

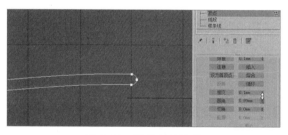

图 5-34　圆角剖面边缘

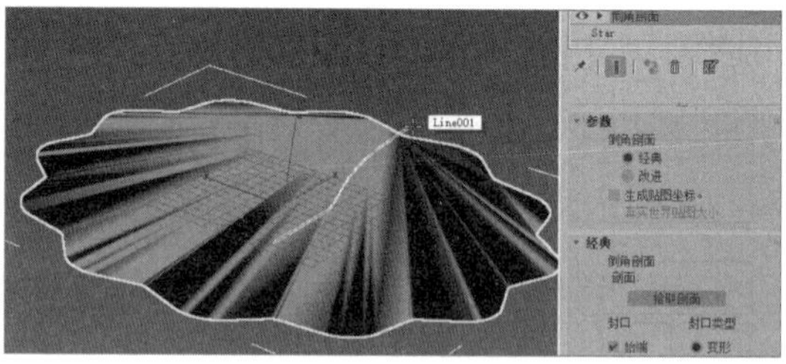

图 5-35　拾取剖面

温馨提示

必须是选择路径后再拾取剖面，且必须是未添加修改器的二维图形，否则倒角剖面操作会失败。

步骤 07　按快捷键【1】进入【剖面 Gizmo】子对象，锁定 X 轴向内拖动，效果如图 5-36 所示；当拖到中心时，果盘模型绘制完成，效果如图 5-37 所示。

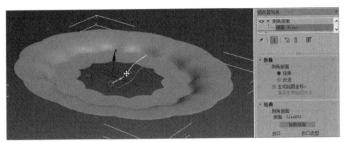

图 5-36 绘制盘底

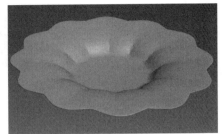

图 5-37 果盘模型效果

课堂范例——绘制杯碟

步骤 01 绘制托盘。在前视图绘制一个长为2、宽为65的矩形，然后右击选择【转换为：】→【转换为可编辑样条线】命令。按快捷键【1】切换到【顶点】子对象，右击后选择【细化】命令，加上 4 个顶点，然后将顶点拖到如图 5-38 所示的位置。

步骤 02 框选中间的 4 个顶点，转为【Bezier】并微调使之更平滑，再选择最右两个顶点进行圆角，如图 5-39 所示。

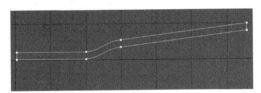

图 5-38 绘制托盘半剖面

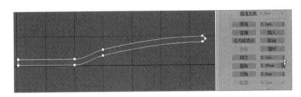

图 5-39 编辑半剖面 1

> 温馨提示
>
> 圆角必须一步到位，否则第二次由于有前面的点阻挡就无法圆角。

步骤 03 取消选中【开始新图形】复选框，如图 5-40 所示创建一个矩形对象，然后按快捷键【3】进入【样条线】子对象，选择样条线，与矩形进行布尔运算求并集，如图 5-41 所示。

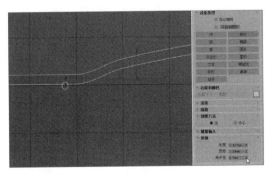

图 5-40 编辑半剖面 2

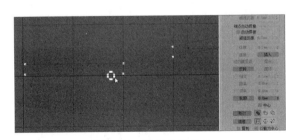

图 5-41 编辑半剖面 3

步骤 04 将交叉处圆角 0.5 毫米后，添加一个【车削】修改器，效果如图 5-42 所示。

步骤 05 绘制茶杯。参照前面的方法，绘制茶杯的半剖面，如图 5-43 所示。

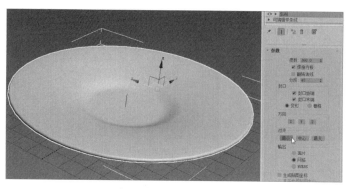
图 5-42　完成托盘模型

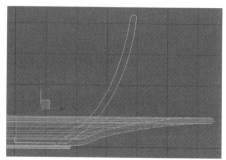
图 5-43　绘制茶杯半剖面

步骤 06　选择托盘，将【车削】修改器拖到茶杯半剖面上，然后单击【最小】按钮，效果如图 5-44 所示。

步骤 07　右击后选择【转换为：】→【转换为可编辑多边形】命令，然后按【F4】键使其带边面显示，如图 5-45 所示。

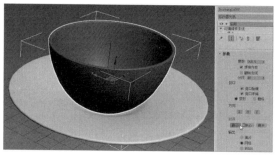
图 5-44　完成杯身模型

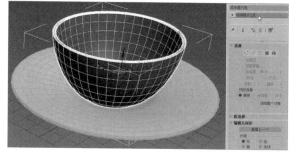
图 5-45　带边面显示

步骤 08　切换到左视图，绘制一个如图 5-46 所示的样条线，然后将其与杯身X轴对齐。

步骤 09　选择杯身，按快捷键【4】切换到多边形子对象，选择正中的两个多边形，单击【沿样条线挤出】后面的按钮□，拾取刚刚绘制的样条线，设置如图 5-47 所示。

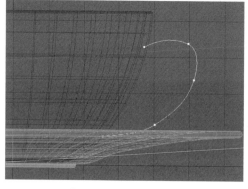
图 5-46　绘制手柄路径

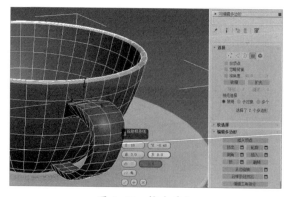
图 5-47　挤出手柄

步骤 10　将多边形旋转到与杯身大致平行，按【Ctrl】键加选如图 5-48 所示的两个多边形，然后单击【桥】按钮，将它们连接起来，按快捷键【1】切换到顶点子对象，再在左视图将转弯处的顶点移动调整一下。

步骤 11　取消选择子对象，选择茶杯，按快捷键【Alt+Q】单独显示，然后进入多边形子对象，选择杯身与杯柄交接的多边形及整个手柄，如图 5-49 所示，然后单击两次 网格平滑 按钮，使其过渡平滑。

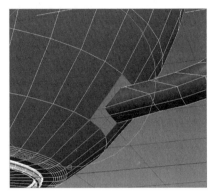

图 5-48　连接杯身与杯柄

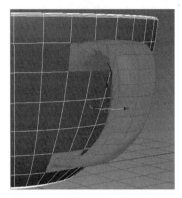

图 5-49　选择需要平滑的多边形

温馨提示

①用完子对象最好将其取消（再次单击子对象即可），否则无法选择其他对象。

②有针对性地选择面网格平滑，比添加【网格平滑】修改器更少产生不必要的面。

步骤 12　取消选择子对象，右击选择【全部取消隐藏】命令，按快捷键【F4】关闭带边面显示，效果如图 5-50 所示。

步骤 13　如法炮制一个杯盖，如图 5-51 所示。详细步骤就不再赘述，读者按照前面的方法绘制即可。

图 5-50　完成杯子模型

图 5-51　杯碟模型参考效果

课堂问答

问题 1：为什么挤出的图形是空心的？

答：原因可能是二维图形未封闭，如图 5-52 所示，即使看起来是封闭的，其实有些点是重合到一起的。只需要回到【可编辑样条线】堆栈，进入【顶点】子对象，全选顶点，单击【焊接】按钮即可将其封闭，如图 5-53 所示。另外也有可能是取消选中如图 5-52 所示的【挤出】修改器的【封口始端】和【封口末端】复选框。

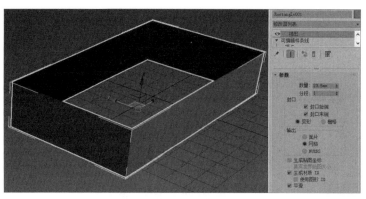

图 5-52　挤出图形后是空心的

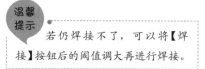

温馨提示　若仍焊接不了，可以将【焊接】按钮后的阈值调大再进行焊接。

问题 2：为什么做汉字倒角时会有空心或飞边？

答：这是因为有交叉线或多余顶点，直接倒角效果如图 5-54 所示。只需要回到文字堆栈，添加一个【编辑样条线】修改器，进入【点】子对象，按如图 5-55 所示对顶点进行调整，再回到【倒角】堆栈，倒角文字效果就正常了，如图 5-56 所示。

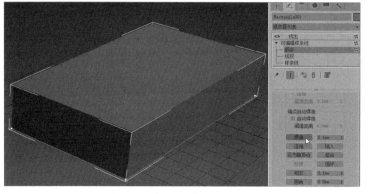

图 5-53　焊接所有点后的效果

右移　下移　删除

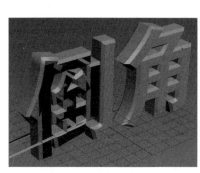

图 5-54　直接倒角效果

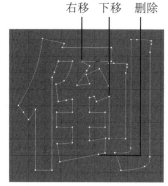

图 5-55　编辑顶点

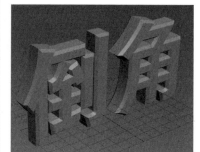

图 5-56　调整后的倒角效果

上机实战——绘制鞋架

通过本章的学习，为让读者巩固本章知识点，下面讲解一个技能综合案例，使大家对本章的知识有更深入的了解。鞋架的模型效果如图 5-57 所示。

图 5-57　鞋架模型效果

思路分析

本例鞋架模型可分为侧架部分和搁板部分。侧架部分可以用【编辑样条线】修改器编辑好后用【倒角】命令生成。搁板可以先绘制一个，然后阵列生成其他的。

制作步骤

步骤 01　在左视图创建一个长为 450、宽为 240 的矩形，在其下绘制一个长为 30、宽为 200 的矩形，在其中绘制一个长为 360、宽为 200 的矩形，全部对齐 X 轴中心，如图 5-58 所示。

步骤 02　再绘制一个椭圆和一个矩形，对齐 X 轴中心，转为可编辑样条线后全部附加起来，如图 5-59 所示。

步骤 03　按快捷键【3】切换到【样条线】子对象，选择大矩形，单击【差集】按钮 再单击 布尔 按钮，选择下部矩形；选择椭圆形，将其下的矩形差集掉，如图 5-60 所示。

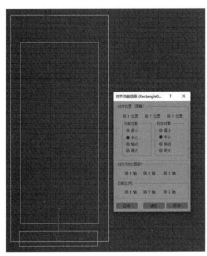

图 5-58　绘制矩形

图 5-59　绘制椭圆

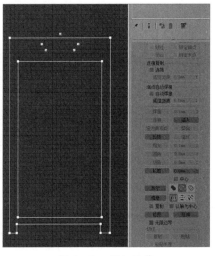

图 5-60　布尔运算

步骤 04　右击选择【细化】命令，然后在顶部添加 3 个顶点，把中间的顶点向上移动，再将其转为【Bezier】，锁定 X 轴拖动微调，如图 5-61 所示。

步骤 05 退出子对象，添加一个【倒角】修改器，设置倒角值如图 5-62 所示。

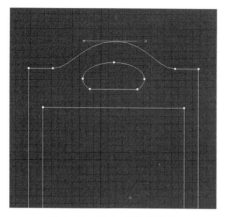

图 5-61　添加顶点并调整

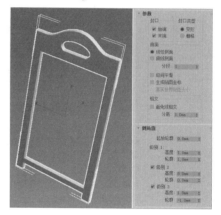

图 5-62　倒角生成侧架

步骤 06 按快捷键【Ctrl+V】原地复制侧架，右击【选择并移动】按钮 ✛，在弹出的对话框中设置移动的系数，如图 5-63 所示。

步骤 07 在顶视图绘制一个【切角长方体】对象，参数如图 5-64 所示。按住【Shift】键锁定 Y 轴复制到另外一边，顶视图效果如图 5-65 所示。

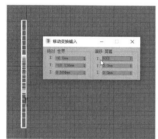

图 5-63　复制侧架并移动

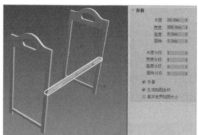

图 5-64　创建切角长方体

图 5-65　复制切角长方体

步骤 08 在顶视图绘制一个【长方体】对象作为搁板，参数如图 5-66 所示。在菜单栏中选择【工具】→【阵列】命令，在弹出的对话框中单击【移动】右侧的 ❯❯ 按钮，设置参数如图 5-67 所示。

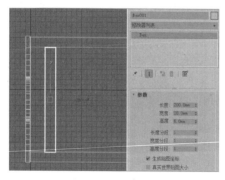

图 5-66　创建搁板

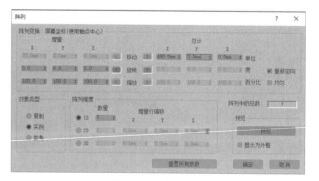

图 5-67　阵列搁板

步骤 09 选择搁板，在菜单栏中选择【组】→【组】命令将其群组起来，如图 5-68 所示。

步骤 10　切换到前视图，将群组后的搁板（也就是搁架）移到下部，如图 5-69 所示。

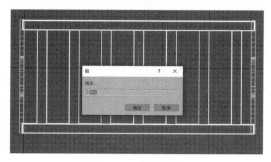

图 5-68　群组搁板

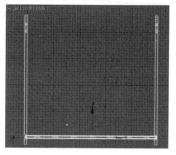

图 5-69　移动搁架

步骤 11　在菜单栏中选择【工具】→【阵列】命令，在弹出的对话框中设置参数，如图 5-70 所示。至此鞋架模型创建完成，切换到透视图，效果如图 5-71 所示。

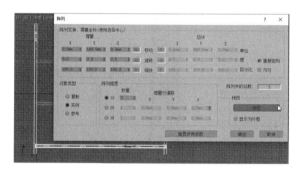

图 5-70　阵列搁架

图 5-71　鞋架模型效果

同步训练——绘制台灯

通过上机实战案例的学习，为了增强读者的动手能力，下面安排一个同步训练案例，以让读者达到举一反三的学习效果。绘制台灯模型的流程如图 5-72 所示。

图解流程

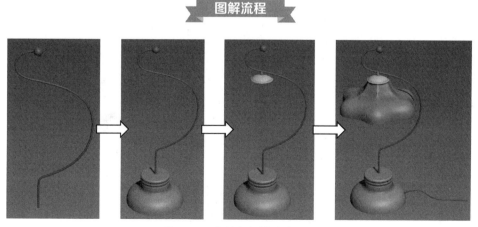

图 5-72　绘制台灯模型的流程

此款台灯可分为灯座、灯架、灯罩三部分，都需要先编辑好二维线再进行加工。灯座用【车削】修改器绘制；灯架直接用【线】绘制和编辑；灯罩金属部分用【车削】修改器绘制，下半部分用【倒角剖面】修改器绘制。

关键步骤

步骤 01　绘制灯架。在前视图绘制线并进行编辑，参考效果如图 5-73 所示。然后选中【渲染】卷展栏中的两个复选框，设置【厚度】，绘制一个【球体】对象，如图 5-74 所示。

步骤 02　绘制灯座。在前视图绘制一个矩形，右击后选择【转换为：】→【转换为可编辑样条线】命令，其半剖面参考效果如图 5-75 所示，然后添加【车削】修改器成型。

图 5-73　绘制灯架

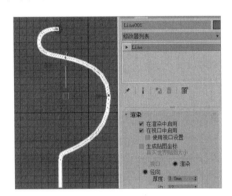
图 5-74　完成灯架

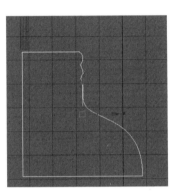
图 5-75　绘制灯座半剖面

步骤 03　绘制灯罩。在灯架上绘制灯罩的半剖面，如图 5-76 所示。然后切换到【线段】子对象，选择如图 5-77 所示的线段分离出来。

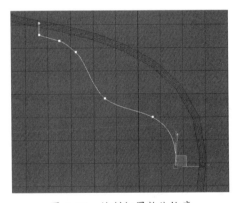
图 5-76　绘制灯罩整体轮廓

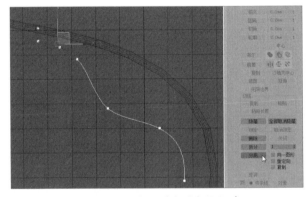
图 5-77　分离灯罩金属部分轮廓

步骤 04　对上半部分右击，选择【细化】命令再加一个顶点，微调一下，然后添加【车削】修改器，效果如图 5-78 所示。再添加一个【壳】修改器，使之有厚度。

步骤 05　选择灯罩下半部分轮廓，进入【样条线】子对象，添加轮廓，并将边缘两点圆角，如图 5-79 所示。

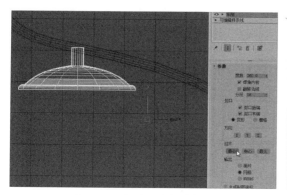

图 5-78 车削灯罩金属部分

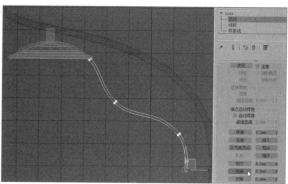

图 5-79 为灯罩下部分添加轮廓

步骤06 在顶视图绘制一个星形，参数如图 5-80 所示。然后添加【倒角剖面】修改器，拾取灯罩下半部分的线为剖面线，效果如图 5-81 所示。

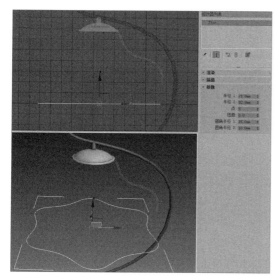

图 5-80 绘制灯罩路径

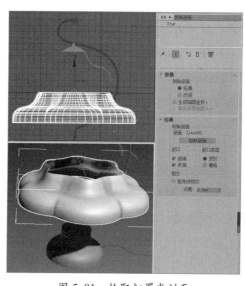

图 5-81 拾取灯罩半剖面

步骤07 展开【倒角剖面】子对象，选择【剖面Gizmo】子对象，将 Y 轴移到与金属部分相接处，将 X 轴往左移到与灯罩金属部分相接处，效果如图 5-82 所示。

步骤08 在底座绘制一根电线，最终模型效果如图 5-83 所示。

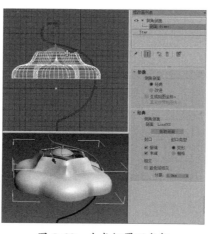

图 5-82 生成灯罩下半部

图 5-83 绘制电线

知识能力测试

一、填空题

1.【编辑样条线】命令有 _____ 、 _____ 、 _____ 三种子对象。

2. 布尔运算的类型有 _____ 、 _____ 、 _____ 。

二、选择题

1. 以下不能把开放曲线两个顶点封闭的命令是（　　　）。

A. 焊接 　　　　　　B. 自动焊接 　　　　　C. 连接 　　　　　　D. 熔合

2. 二维布尔运算时必须进入（　　　）子对象。

A. 顶点 　　　　　　B. 线段 　　　　　　C. 样条线 　　　　　D. 以上皆可

3. 要附加其他图形时必须进入（　　　）子对象。

A. 顶点 　　　　　　B. 线段 　　　　　　C. 样条线 　　　　　D. 以上皆可

4. 要平分线段需用下面哪个命令？（　　　）

A. 分离 　　　　　　B. 拆分 　　　　　　C. 炸开 　　　　　　D. 循环

5. 若使用【车削】修改器生成的模型中间有如图 5-84 所示的问题，此时需如何处理？（　　　）

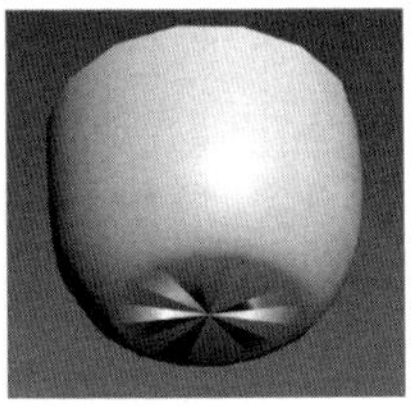

A. 选中【焊接内核】复选框

B. 选中【翻转法线】复选框

C. 增加分段数

D. 单击对齐【最小】按钮

图 5-84　车削问题

三、判断题

1. 未封闭的图形挤出后将不会封口。　　　　　　　　　　　　　　　　　（　　　）

2. 只要不是通过【线】工具绘制的图形，要编辑顶点等子对象就必须转为可编辑样条线或添加【编辑样条线】修改器。　　　　　　　　　　　　　　　　　　　　　　　（　　　）

3. 编辑样条线时，【细化】和【插入】命令都能添加顶点，因此它们没有区别。　（　　　）

4. 在 3ds Max 中当圆角或倒角遇到有顶点时就不能进行，因此最好一次完成。　（　　　）

5. 在 3ds Max 中二维图形不加修改器就无法渲染出来。　　　　　　　　　（　　　）

四、简答题

1. 二维图形的顶点有哪些类型？

2. 在 3ds Max 中如何创建竖排文本？

3ds Max 2022

复合对象建模是把目标模型进行结构分析，进而拆分为几个基本几何体或图形，然后复合而成所需的形状，它是建模中的一个重要组成部分。本章主要介绍布尔运算、放样的使用方法，然后再简单介绍其他几个复合对象建模的方法。

学习目标

- 掌握超级布尔的用法
- 掌握放样建模的技巧
- 了解其他复合对象建模的用法

6.1 布尔运算

布尔运算是数学家布尔运用数学符号演绎逻辑运算的方法，包括联合、相交、相减。在图形处理操作中引用这种逻辑运算方法，可以使简单的基本图形组合成新的形体，其实跟集合代数中的并集、差集、交集类似。在第5章里讲过二维样条线的布尔运算，这里介绍三维几何体的布尔运算。

6.1.1 布尔

单击【创建】面板→【几何体】图标→【复合对象】列表，就会出现12个按钮，即复合对象建模的12个命令，其中有一个就是【布尔】按钮，如图6-1所示。布尔运算面板参数如表6-1所示。

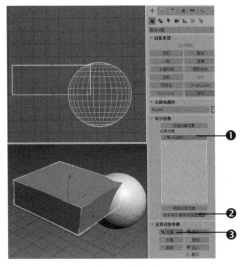

图 6-1 布尔运算面板

表 6-1 布尔运算面板简介

名称	简介
❶运算对象	进行布尔运算后仍可以修改A、B对象的创建参数。只需选择A或B对象，然后单击【修改】图标 ∠ 即可修改
❷打开布尔操作资源管理器	打开布尔操作资源管理器，方便对布尔运算对象进行管理
❸运算选项	可选择【并集】【差集】【交集】【切割】等几种运算选项

布尔运算很方便，但是有很多缺点，就是容易出错，即使不出现错误运算，也可能会出现错误面。下面以绘制一颗骰子模型为例，介绍一下布尔运算的功能。

步骤 01 绘制好倒角立方体和用于挖洞的小球体，如图6-2所示。

步骤 02 选择立方体，单击【创建】面板→【几何体】图标→【复合对象】列表→ 布尔 → 差集 → 添加运算对象，拾取一个小球，运算成功，如图6-3所示。继续拾取小球，效果如图6-4所示。观察线框模式，可以看到有错误面产生，如图6-5所示。

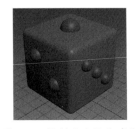
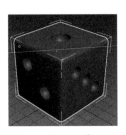
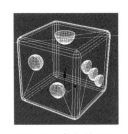

图 6-2 绘制立方体和球体　图 6-3 布尔运算结果1　图 6-4 布尔运算结果2　图 6-5 产生错误面

6.1.2　超级布尔

为了弥补布尔运算的不足,在 3ds Max 9.0 新增了一个【ProBoolean】命令,行业中通常称之为"超级布尔"。读者可以尝试再用这种方法绘制骰子,该方法不会产生错误面。

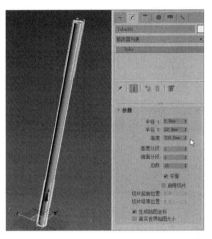

图 6-6　绘制圆管

> **温馨提示**
> 3ds Max 有个特点:升级新版本时一般不会淘汰旧版本功能,比如前面的【网格平滑】和【涡轮平滑】修改器,以及布尔运算和后面的粒子系统等。

课堂范例——绘制洞箫

步骤 01　在顶视图绘制圆管,参考尺寸如图 6-6 所示。再在前视图绘制一个半径为 5 的圆柱,然后复制到如图 6-7 所示的位置。

步骤 02　选择圆管对象,单击【创建】面板→【几何体】图标→【复合对象】列表→【ProBoolean】按钮→ 开始拾取 ,如图 6-8 所示。然后逐个单击小圆柱即可,如图 6-9 所示。

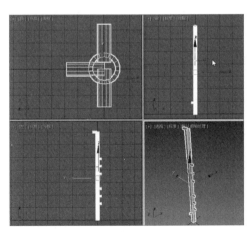

图 6-7　绘制用于挖洞的圆柱并复制

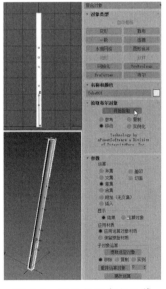

图 6-8　开始超级布尔运算

图 6-9　超级布尔运算结果

6.2　放样

放样是将一个二维形体对象作为沿某个路径的剖面,而形成复杂的三维对象。同一路径上可在不同的段给予不同的形体。我们可以利用放样来实现很多复杂模型的构建。

6.2.1 放样的基本用法

1.基本要素

放样有两个基本要素：二维的剖面和二维的路径，如图 6-10 所示。选择路径，单击【创建】面板→【几何体】图标→【复合对象】列表→【放样】按钮→ 获取图形 ，拾取剖面图形，如图 6-11 所示。

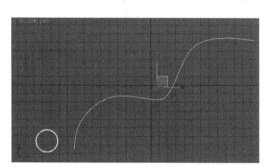

图 6-10　绘制路径和图形

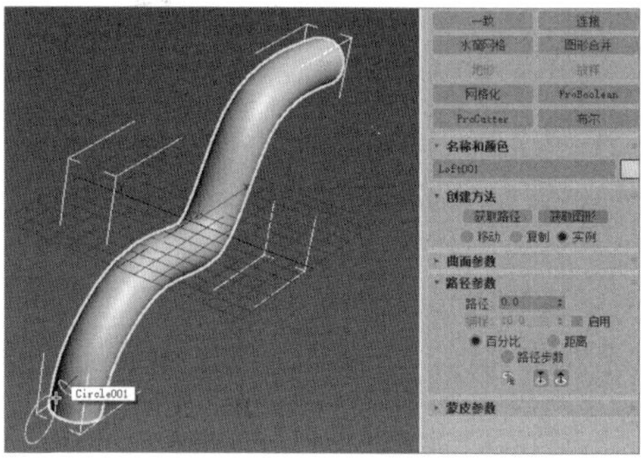

　　一定要分清路径和图形，选择图形就单击【获取路径】，选择路径就单击【获取图形】，否则与图 6-11 同样的路径和图形就会绘制出如图 6-12 所示的放样模型。

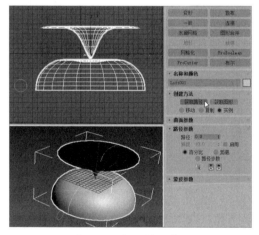

图 6-12　拾取错误举例

图 6-11　放样成功

2.修改参数

展开【蒙皮参数】卷展栏能够修改其封口、步数、倾斜、翻转法线等参数或选项，如图 6-13 所示；单击【修改】面板，展开【Loft】堆栈就能修改其图形和路径的参数，具体操作将会在后面的实例中进行介绍。

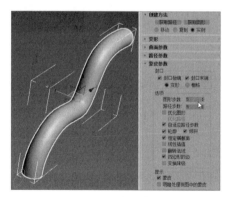

图 6-13　蒙皮参数

3.多图形放样

放样有单图形放样与多图形放样之分，前面介绍的是单图形放样，下面介绍多图形放样。简单地说，多图形放样就是在一个路径上放入多个图形，这样就可以绘制比较复杂的图形。例如，绘制一个多立克柱的步骤如下。

步骤01　在前视图绘制如图 6-14 所示的柱头（圆角正方形）、柱颈（圆形）、柱身（星形）剖面和一根路径。

步骤 02　选择路径，单击【创建】面板→【几何体】图标→【复合对象】列表→【放样】按钮→ 获取图形 ，将路径改为 8，如图 6-15 所示，拾取柱头剖面。

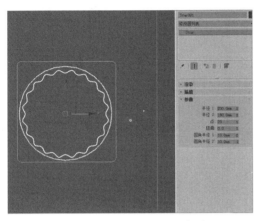

图 6-14　绘制三个剖面和一根路径

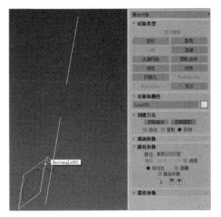

图 6-15　在 8% 的位置拾取柱头剖面

温馨
提示

路径可以用【百分比】和【距离】这两种方式控制，一般用【百分比】；若要特定的比例，可以启用设定的比例 捕捉：10 0 ✔启用 。

步骤 03　将路径改为 10，拾取圆形，再将路径改为 12，拾取圆形，效果如图 6-16 所示。

步骤 04　将路径改为 15，拾取星形，再将路径改为 85，拾取星形，效果如图 6-17 所示。

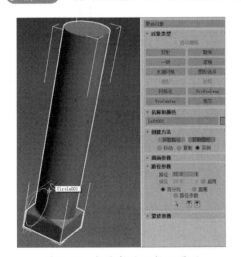

图 6-16　拾取柱头及柱颈图形

图 6-17　拾取柱身图形

步骤 05　用同样的方法，在 88 和 90 的位置放入圆形，在 92 的位置放入圆角正方形，模型基本建成，如图 6-18 所示。

柱头和柱颈部分有扭曲，这是因为圆角正方形的起点和圆的起点没有对齐。要矫正这种现象，步骤如下。

步骤 01　单击【修改】面板，来到【图形】子对象，单击【比较】按钮，在弹出的对话框中单击【拾取】按钮，拾取扭曲部位的图形，如图 6-19 所示。

图 6-18　放样成型的柱子

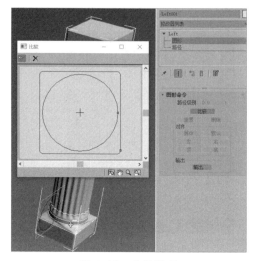

图 6-19　比较图形

步骤 02　切换到【选择并旋转】按钮，选择柱头图形，旋转到起点与圆形对齐即可，如图 6-20 所示。

步骤 03　用同样的方法处理另外一个柱头，最终结果如图 6-21 所示。

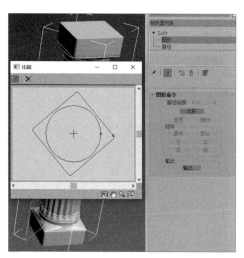

图 6-20　对齐图形的起点

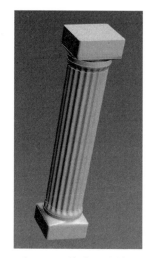

图 6-21　修改后的模型

4. 修改子对象

除了上面介绍的比较和对齐图形之外，还可以对其子对象进行缩放、移动、编辑样条线等操作。下面以绘制窗帘为例介绍其用法。

步骤 01　按如图 6-22 所示绘制 3 个图形和 1 个路径，然后选择路径，在 20、50、80 的位置分别获取 3 个图形，结果如图 6-23 所示。

　　若放样体呈黑色，说明法线反转了，可在【修改】面板中的【蒙皮参数】卷展栏里选中【翻转法线】复选框
即可（图 6-23 就是这样处理的），也可以添加【法线】修改器。

步骤 02　　若想将窗帘收起来，可以按快捷键【1】进入图形子对象，然后在视图中选择 50 处
的图形，锁定 X 轴将其缩小，如图 6-24 所示。再把下面那个图形如法炮制，效果如图 6-25 所示。

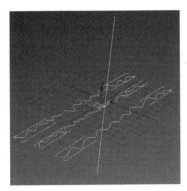

图 6-22　绘制图形和路径

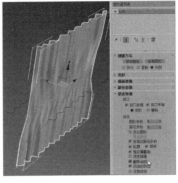

图 6-23　放样成型

图 6-24　缩小一个图形

步骤 03　　移动图形到边上，适当缩小 Y 轴，如图 6-26 所示。用同样的方法调整下面的图形，
参考效果如图 6-27 所示。

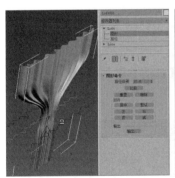

图 6-25　缩小另一个图形

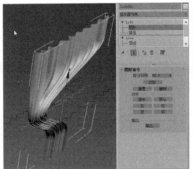

图 6-26　移动、缩小图形

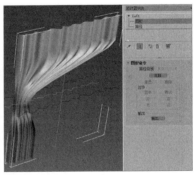

图 6-27　最终模型效果

　　除了以上的蒙皮、子对象等常规修改外，还有 5 个变形修改器，分别是【缩放】【扭曲】【倾斜】
【倒角】【拟合】，下面分为 3 节来介绍。

6.2.2　放样变形——缩放

　　缩放放样能在放样体的 X 轴或 Y 轴上进行缩放达到造型的目的。图 6-28 是【缩放变形】对话框，
表 6-2 为其各功能简介。

　　判断轴向可在具体的视图中查看，绝不可想当然地选择。

表 6-2 【缩放变形】对话框各功能简介

功能	简介
❶锁定轴向	⟋是 X 轴，⟍为 Y 轴，🔒为锁定 XY 轴比例
❷节点控制	⊞ I ⋌ 分别是移动节点、缩放节点、插入节点
❸删除节点	选中不需要的节点，单击🗑按钮即可删除
❹重置曲线	若对缩放的曲线不满意，单击此按钮就可将曲线重置到最开始状态
❺视图控制区	分别为平移、最大化显示、水平最大化显示、垂直最大化显示、垂直缩放、水平缩放、实时缩放和窗口缩放
❻路径刻度	0~100 对应路径的起点和终点，可在相应的地方加入节点来控制放样造型

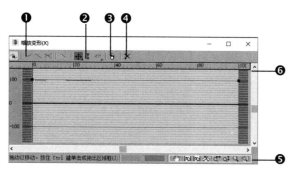

图 6-28 【缩放变形】对话框

还是以窗帘为例，制作一个窗帘收起来的模型，步骤如下。

步骤01 放样好窗帘后，单击【修改】面板→【变形】卷展栏→【缩放】按钮，在弹出的对话框中单击【插入节点】按钮⋌，在约 75% 的位置添加一个节点，关闭锁定 XY 轴的按钮，如图 6-29 所示。

步骤02 单击【均衡】按钮🔒关闭锁定 XY 轴比例功能，单击【移动节点】按钮⊞，框选左边两个节点，向下移动到如图 6-30 所示的位置。

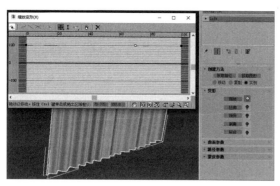

图 6-29 添加控制点

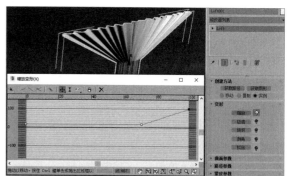

图 6-30 移动控制点

步骤03 这时窗帘收得很生硬，可以通过调整节点的方法来解决。右击中间的节点，选择【Bezier-角点】类型，调整其控制点如图 6-31 所示。

步骤04 单击【垂直缩放】按钮🔍，将视图缩放到如图 6-32 所示的大小，将节点进一步收缩，再将控制点进一步微调，模型绘制完成。

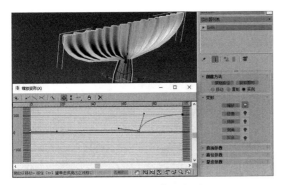

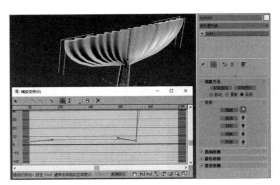

图 6-31　改变节点类型　　　　　　　　　　图 6-32　进一步调整

6.2.3　放样变形——拟合

拟合放样其实就相当于把放样体装在一个"容器"里。图 6-33 和表 6-3 所示是【拟合变形】对话框和其各功能简介。

表 6-3　【拟合变形】对话框各功能简介

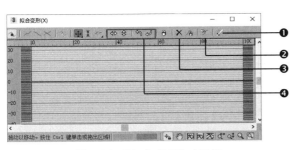

图 6-33　【拟合变形】对话框

功能	简介
❶生成路径	自动适配图形
❷获取图形	拾取要装入的图形
❸删除曲线	删除装入放样体的图形
❹对图形的变换	分别是【水平镜像】【垂直镜像】【逆时针转转 90°】【顺时针转转 90°】

继续以窗帘为例，若要绘制一个收于侧面的窗帘，就可以用此方法。

步骤 01　绘制放样体，再把收起来的二维图形绘制出来，如图 6-34 所示。单击【均衡】按钮关闭锁定 XY 轴比例功能，单击【拟合】按钮，在弹出的对话框中单击【获取图形】按钮，拾取二维图形，如图 6-35 所示。

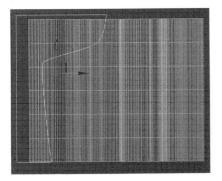

图 6-34　绘制二维图形

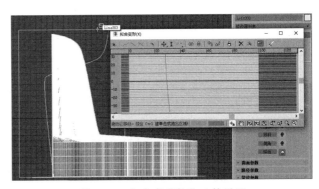

图 6-35　拟合变形拾取二维图形

· 115 ·

步骤 02 在 X 轴拟合成功了，但方向不对，通过观察，只需单击【顺时针旋转 90°】按钮 🔄 即可，如图 6-36 所示。最后，单击【生成路径】按钮 📄，最终效果如图 6-37 所示。

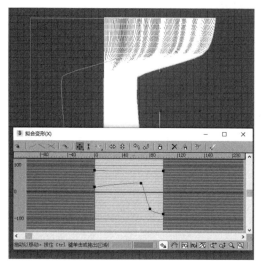

图 6-36　顺时针旋转 90°

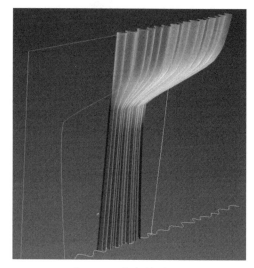

图 6-37　窗帘模型效果

6.2.4 **其他放样变形**

其他几个变形放样用法也是大同小异，与前面讲的同名修改器用法也类似，这里大致介绍一下。

1. 扭曲

如图 6-38 所示，在放样体上进行扭曲变形，可做出与【扭曲】修改器类似的效果，不同的是扭曲放样可以加控制点来进行变化。

2. 倾斜

如图 6-39 所示，在放样体上进行了倾斜变形。

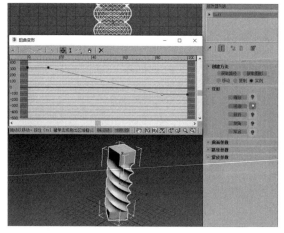

图 6-38　扭曲放样

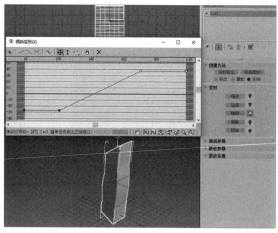

图 6-39　倾斜放样

3. 倒角

如图 6-40 所示，在放样体上进行倒角变形，可做出与【倒角】修改器类似的效果，不同的是，倒角放样可以加控制点来进行变化而不受 3 次倒角的限制。

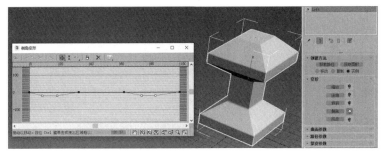

图 6-40　倒角放样

课堂范例——绘制牙膏

步骤 01　绘制一个圆形和直线分别作为图形和路径，然后单击【创建】面板→【几何体】图标→【复合对象】列表→【放样】按钮，选择路径拾取图形，参考效果如图 6-41 所示。

步骤 02　单击【修改】面板→【变形】卷展栏→ 缩放 ，在弹出的对话框中，单击【插入节点】按钮，在路径上依次加入管尾、管腰、盖底等几个控制点，如图 6-42 所示。

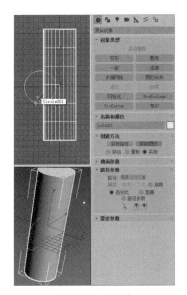

图 6-41　放样

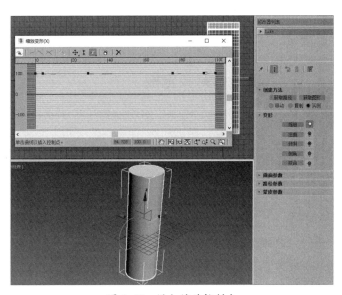

图 6-42　添加缩放控制点

步骤 03　将盖子部分的控制点向下拖动到如图 6-43 所示的位置，然后关闭【均衡】按钮，再将管腰和管尾的控制点拖动到如图 6-44 所示的位置。

步骤 04　单击 按钮显示 Y 轴，将管尾控制点向上移动一段距离，如图 6-45 所示。再做微调，最终效果如图 6-46 所示。

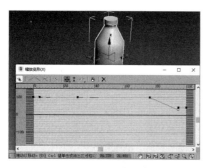

图 6-43　缩放盖子部分

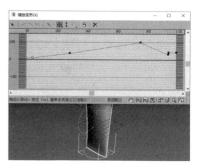

图 6-44　在 X 轴向上缩放腰部和尾部

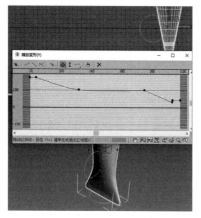

图 6-45　在 X 轴向上缩放尾部

图 6-46　最终模型效果

6.3　其他复合对象建模

　　若掌握了布尔运算和放样建模的方法，那么其他几个复合对象命令的用法也比较简单了，下面对它们的使用方法进行简单介绍。

6.3.1　图形合并

　　图形合并建模其实就是将二维的图形投影到三维的面上，再进行其他编辑。下面以在一个曲面上制作浮雕文字为例，介绍一下该命令的用法。

　　步骤 01　创建一个【球体】和一个【文本】对象，如图 6-47 所示。选择球体，单击【创建】面板→【几何体】图标→【复合对象】列表→【图形合并】按钮→ 拾取图形 ，拾取文字，此时就能看到文字已经被投影到球体上，如图 6-48 所示。

　　步骤 02　选择图形合并后的球体，单击【修改】面板，添加一个【面挤出】修改器，如图 6-49 所示，在曲面上制作浮雕模型即可完成。

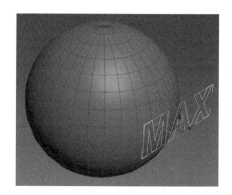

图 6-47 绘制三维及二维图形

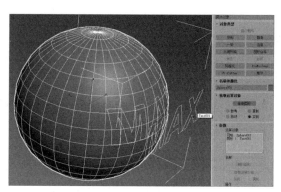

图 6-48 图形合并

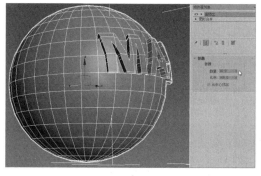

图 6-49 【面挤出】效果

> **温馨提示**　必须是选择几何体（三维）拾取图形（二维），切不可弄反。

6.3.2 地形

【地形】命令实质是通过等高线绘制地形。下面以绘制一座小岛为例来介绍一下此命令的基本用法。

步骤 01　在顶视图中创建数根封闭的等高线，再到前视图将它们移动一定的高度，如图 6-50 所示。

步骤 02　选择最底下的等高线，单击【创建】面板→【几何体】图标→【复合对象】列表→【地形】按钮→ 拾取运算对象 ，依次拾取等高线，小岛模型创建效果如图 6-51 所示。

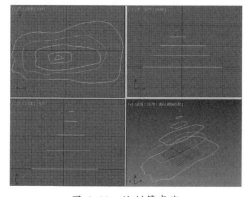

图 6-50 绘制等高线

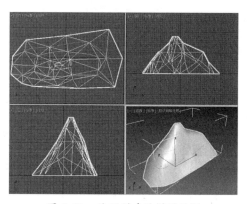

图 6-51 地形创建的模型效果

6.3.3 散布

【散布】命令通常用来绘制毛发、草坪等需要复制很多单一对象的模型。下面以一个草坪建模为例来介绍一下它的基本用法。

步骤 01 绘制一个如图 6-52 所示的圆锥，然后通过【弯曲】【旋转】【复制】【塌陷】等命令将其编辑成为一株草，参考效果如图 6-53 所示。

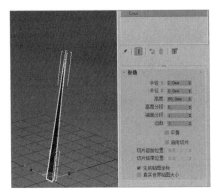

图 6-52　绘制圆锥

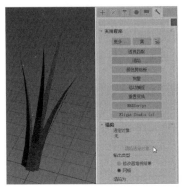

图 6-53　绘制一株草

步骤 02 创建一个【平面】对象，添加一个【噪波】修改器，参考效果如图 6-54 所示。

步骤 03 选择刚刚绘制的那一株草的模型，单击【创建】面板→【几何体】图标→【复合对象】列表→【散布】按钮→ 拾取分布对象 ，拾取平面，然后单击【修改】面板，参考图 6-55 来修改参数，草坪模型绘制完成。

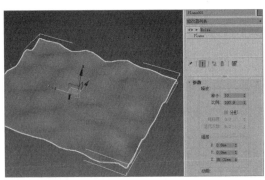

图 6-54　绘制地面

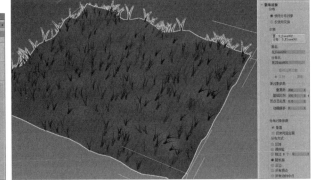

图 6-55　发散复制草模型

课堂范例——绘制钥匙

步骤 01 在顶视图创建一个半径为 10、边数为 8 的【多边形】对象，然后右击【选择并旋转】按钮，在弹出的对话框中的 Z 轴处输入 22.5，如图 6-56 所示。

步骤 02 按快捷键【S】打开捕捉开关，设置捕捉【顶点】选项，捕捉中间四个顶点绘制一个矩形，将矩形宽度改为 27，如图 6-57 所示。然后捕捉矩形上的点①，平移到八边形上的点②。

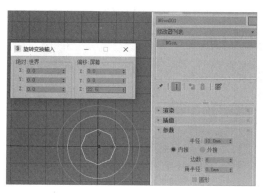

图 6-56　绘制八边形

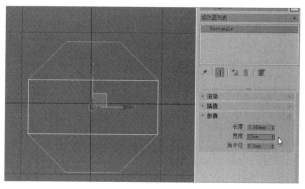

图 6-57　绘制矩形

步骤 03　按住【Shift】键锁定 Y 轴向左复制一个矩形，然后将其长和宽均改为 6，如图 6-58 所示。选择矩形，右击选择【转换为：】→【转换为可编辑样条线】命令，再通过【细化】【移动】命令，将右边矩形编辑为如图 6-59 所示的效果。

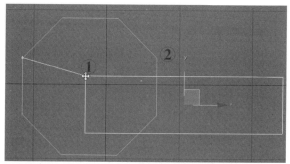

图 6-58　绘制正方形

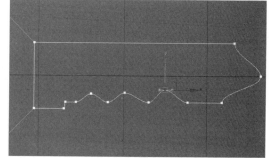

图 6-59　编辑矩形

步骤 04　通过调整顶点类型、移动控制点等方式将矩形进行深入编辑，然后锁定 X 轴向左略微移动一点，使之与八边形有一点重合，如图 6-60 所示。右击选择【附加】命令将八边形和正方形都附加起来，按快捷键【3】进入【样条线】子对象，将它们进行布尔运算求并集，效果如图 6-61 所示。

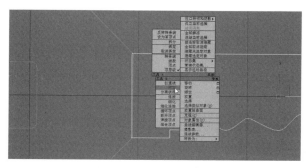

图 6-60　附加对象

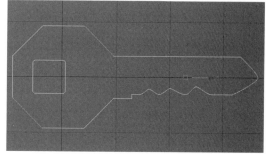

图 6-61　钥匙二维效果

步骤 05　添加【挤出】修改器，挤出 1.5，再在前视图绘制一个矩形，转为样条线并编辑为图 6-62 所示的形状。然后单击【镜像】按钮，沿 Y 轴镜像复制一个，如图 6-63 所示。

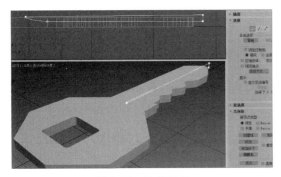

图 6-62　编辑图形

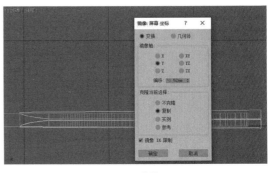

图 6-63　镜像图形

步骤 06 添加【挤出】修改器，挤出 5，再在顶视图将下部的图形向上复制一个，把挤出参数改为 1，如图 6-64 所示。

步骤 07 选择钥匙主体，单击【创建】面板→【几何体】图标→【复合对象】列表→【ProBoolean】按钮→ 开始拾取 ，拾取需要挖掉的对象，钥匙模型创建完成，参考效果如图 6-65 所示。

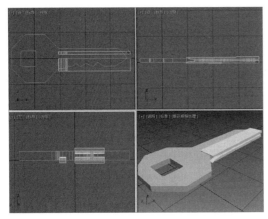

图 6-64　镜像复制

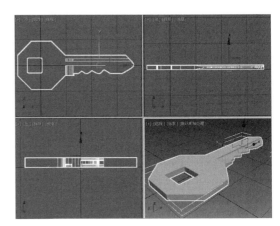

图 6-65　钥匙模型

课堂问答

问题 1：放样和倒角剖面有什么异同？

答：这两个命令都需要有路径和图形两个元素。但效果有一些不一样，比如图形如果是单独的圆，则放样结果是实心的三维对象，而倒角剖面的结果是空心的三维对象。另外，放样的图形可以有很多个，还可以进行放样变形，而倒角剖面的图形只能有一个。此外，删除图形后放样体没有影响而倒角剖面会提示倒角剖面失败。

问题 2：为什么有时放样或图形合并命令拾取不到对象？

答：拾取的对象都必须是二维图形，若在二维图形上添加了【挤出】等修改器，那就属于三维图形了，自然不能拾取到。

上机实战——绘制果仁面包

通过本章的学习，为让读者巩固本章知识点，下面讲解一个技能综合案例，使大家对本章的知识有更深入的了解。绘制的果仁面包模型效果如图 6-66 所示。

效果展示

图 6-66　果仁面包模型效果

思路分析

面包造型用【车削】修改器即可成型，然后用【FFD】修改器稍加编辑。果仁屑可用【散布】命令，设置局部区域即可。

制作步骤

步骤 01　在前视图绘制面包的半剖面线，如图 6-67 所示。

步骤 02　添加【车削】修改器，对齐【最小】，选中【焊接内核】与【翻转法线】复选框，将【分段】改为 30，面包雏形完成，如图 6-68 所示。

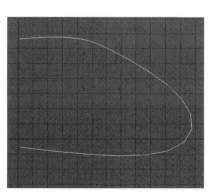

图 6-67　绘制面包的半剖面线

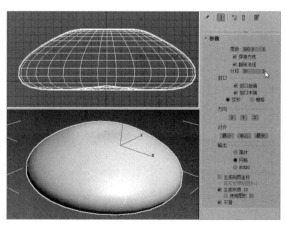

图 6-68　车削形成面包雏形

步骤 03　添加【FFD4×4×4】修改器，进入【控制点】子对象，选择控制点，将面包稍作变形，参考效果如图 6-69 所示。

步骤 04　绘制一个球体对象，再用【选择并缩放】工具█缩放一下，做成瓜子模样，如图6-70所示。

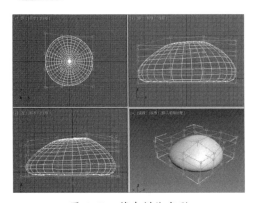

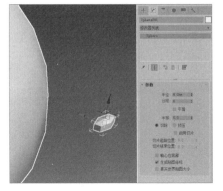

图 6-69　将车削体变形　　　　　　　　　　　图 6-70　绘制果仁

步骤 05　选择小球体，单击【创建】面板→【几何体】图标→【复合对象】列表→【散布】→　拾取分布对象，拾取面包模型，设置【重复数】为100，如图6-71所示。

步骤 06　由于只有上半部才有果仁，所以还得设置分布方式。选择面包模型，添加【编辑网格】修改器，按【4】键进入多边形子对象，选择上半部多边形，如图6-72所示。

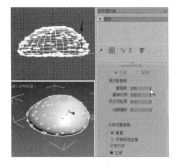

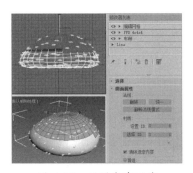

图 6-71　散布果仁　　　　　　　　　　　　　图 6-72　设置散布区域

步骤 07　取消多边形子对象，选择果仁，将【分布方式】设为【随机面】，选中【仅使用选定面】复选框，果仁就在选定的区域散布了，参考效果如图6-73所示。

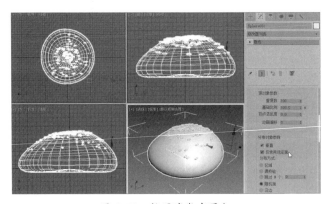

图 6-73　按区域散布果仁

为了增强读者的动手能力，下面安排一个同步训练案例，以让读者达到举一反三、触类旁通的学习效果。绘制牵牛花模型的流程如图 6-74 所示。

图解流程

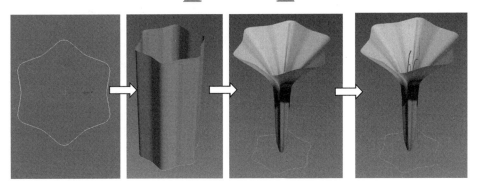

图 6-74　绘制牵牛花模型的流程

思路分析

此模型可用缩放放样的方法生成牵牛花模型，然后用线和球体绘制花蕊即可。

关键步骤

步骤 01　绘制一个【星形】对象作为放样的图形，再用线绘制一个路径，如图 6-75 所示。

步骤 02　放样成型，注意取消选中【蒙皮参数】卷展栏里的【封口始端】和【封口末端】复选框，如图 6-76 所示。

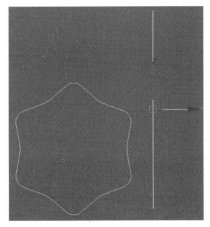

图 6-75　绘制图形和路径

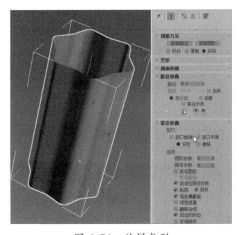

图 6-76　放样成型

步骤 03　单击【修改】面板，在【变形】卷展栏里单击【缩放】按钮，在弹出的对话框里将路径缩放为如图 6-77 所示的形状。

步骤 04　用【线】【球体】【选择并缩放】等工具绘制出花蕊，再为花冠加上【壳】修改器，牵牛花模型绘制完成，参考效果如图 6-78 所示。

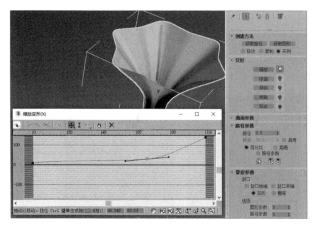

图 6-77　缩放放样

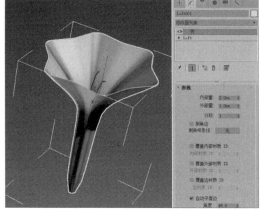

图 6-78　绘制花蕊

知识能力测试

一、填空题

1. 能将三维几何体和二维图形组合的命令是＿＿＿＿＿＿＿。

2. 布尔运算时要将原始对象的一个复制品作为运算对象时应选择＿＿＿＿＿＿＿运算形式。

3. 放样的基本要素是＿＿＿＿＿和＿＿＿＿＿。

二、选择题

1. 在放样的时候，默认情况下截面图形上的哪一点在放样路径上？（　　　）

A. 第一点　　　　　　　B. 中心点　　　　　　　C. 轴心点　　　　　　　D. 最后一点

2. 超级布尔运算的名称为（　　　）。

A. Connect　　　　　　B. Procutter　　　　　　C. Boolean　　　　　　D. ProBoolean

3. 下面哪一种二维图形不能作为放样路径？（　　　）

A. 圆　　　　　　　　　B. 直线　　　　　　　　C. 螺旋线　　　　　　　D. 圆环

三、判断题

1. 在放样前，直接缩放截面图形将影响放样对象的大小。　　　　　　　　　　　　　（　　　）

2. 在放样前，直接移动或旋转截面图形对它在放样中的作用没有影响。　　　　　　（　　　）

3. 在变形放样中的【倒角】命令最多只能 3 次。　　　　　　　　　　　　　　　　（　　　）

4. 放样中的路径可以有多个。　　　　　　　　　　　　　　　　　　　　　　　　（　　　）

四、简答题

1. 在 3ds Max 中，变形放样有哪些形式？

2. ProBoolean 与布尔有什么区别？

3ds Max 2022

第7章
多边形建模

　　通过前面几章的学习，相信读者已经熟悉了基本建模的思想与方法，但若要对那些基本方法创建的模型做更深入的刻画编辑，还需要学习一些深入编辑模型的方法。因此，这里单独设一章，系统全面地介绍多边形建模的思想及方法，并且秉承贯穿全书的"在做中学、学中做"的理念，以大量实例让读者在练习中领悟其中的奥妙。

学习目标

- 理解多边形建模的思想
- 熟练运用多边形建模方法绘制较复杂的模型

7.1 多边形建模的基本操作

多边形建模目前在各个主流三维软件中都是重中之重，各个软件也提供了难以计数的丰富多彩的建模工具。实际上，我们需要的并不多，常用的也就那么三四个工具而已。因此，在这里提醒读者：建模的关键在于手脑的灵活度，一般与软件工具的花样多少无关。不要执迷于新奇的小工具，而应该努力去提高自己的操作灵活性、思维敏捷性及对现实世界物体的认知程度。

7.1.1 选择

除了常规的选择方法外，【编辑多边形】修改器还有丰富的选择方法，如图 7-1 和表 7-1 所示。

表 7-1 【选择】卷展栏各命令简介

图 7-1 选择命令

命令	简介
按顶点	选择与顶点相邻的边、边界、多边形及元素
忽略背面	法线背朝视线的面将不会被选择
收缩	在原有的选择上每单击一次就缩小一圈
扩大	在原有的选择上每单击一次就扩大一圈
环形	选择水平的一圈
循环	选择垂直的一圈

7.1.2 子对象常用命令

【编辑多边形】的子对象与【编辑网格】修改器类似，不同的是第三个子对象，前者是"边界"，即破面四周的封闭的线组成的图形；后者是"面"，即三边面。【编辑多边形】的编辑命令要丰富得多，以下是对其主要命令的简介。

1. 顶点

【编辑顶点】卷展栏如图 7-2 所示，其各命令简介如表 7-2 所示。

表 7-2 【编辑顶点】卷展栏各命令简介

图 7-2 【编辑顶点】卷展栏

命令	简介
移除	把选择的顶点移除（不等于删除）
断开	将顶点打断
切角	以顶点为基准扩出菱形面
挤出	以顶点为基准扩出菱形面并将此面挤出凹凸四棱锥效果
连接	将没有边隔断的选择顶点连接起来
焊接	将阈值范围内的顶点焊接
目标焊接	将顶点拖到目标顶点焊接

2. 边

【编辑边】卷展栏如图7-3所示，其各命令简介如表7-3所示。

表7-3 【编辑边】卷展栏各命令简介

图7-3 【编辑边】卷展栏

命令	简介
插入顶点	在所选边上插入顶点
切角	以选择边为基准扩出纺锤形
挤出	以选择边为基准扩出纺锤形并将此面挤出凹凸效果
连接	将没有边隔断的选择边连接为设定的边数
桥	选择破面相对两边就能连接成一个面
焊接	选择破面相对两边就能在阈值内焊接
利用所选内容创建图形	将所选边创建为图形

3. 边界

【编辑边界】卷展栏如图7-4所示，其各命令简介如表7-4所示。

表7-4 【编辑边界】卷展栏各命令简介

图7-4 【编辑边界】卷展栏

命令	简介
封口	能将破面封起来成为一个多边形
切角	以选择边界为基准扩出边界轮廓
挤出	以选择边界为基准扩出边界轮廓并挤出高度
连接	将没有边隔断的既选边界连接为设定的边数
桥	选择破面相对两边界就能连接起来

4. 多边形

【编辑多边形】卷展栏如图7-5所示，其各命令简介如表7-5所示。

表7-5 【编辑多边形】卷展栏各命令简介

图7-5 【编辑多边形】卷展栏

命令	简介
翻转	翻转法线
倒角	带角度的挤出
挤出	将选择的多边形挤出一定的高度
插入	在多边形内插入一个面
桥	选择一个对象的两个多边形子对象就能将它们连接起来
轮廓	将选定的面缩放
从边旋转	将所选多边形绕着一边车削
沿样条线挤出	有点类似【放样】命令，即沿路径挤出

5. 编辑几何体

【编辑几何体】卷展栏如图 7-6 所示，其各命令简介如表 7-6 所示。

表 7-6 【编辑几何体】卷展栏各命令简介

命令	简介
分离与附加	与编辑样条线类似
塌陷	将选择的子对象折叠成为一个
切片平面、切片、快速切片	通过给选择的子对象切片来增加段数
切割	手动切割增加边
网格平滑	对选择的子对象进行网格平滑
平面化	将选定的面变成一个平面
细化	将所选面细分

图 7-6 【编辑几何体】卷展栏

7.2 一体化建模与无缝建模

多边形建模的出发点是三维实体，在三维实体的基础上施加相关命令，通过这些命令使实体变形，从而得到新的模型。基于此命令的建模可分为一体化建模和无缝建模两种。

7.2.1 一体化建模

一体化建模是指一个较为复杂的模型其实是由一个几何体编辑而成。比如一个室内模型，其天棚、地板、墙面、门窗等全是由一个长方体编辑而成。用这种方法创建的模型具有面数少（单面建模）、几乎无重叠交叉面（渲染不会出错）、整体性强等优点。

建模时除了注意控制面数外，还需注意避免重叠面。以绘制屋梁为例，从天棚往下挤出就有重叠面，而以屋梁底面为基准，把两边的天棚往上挤出就没有重叠面，如图 7-7 所示。

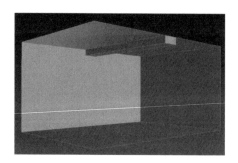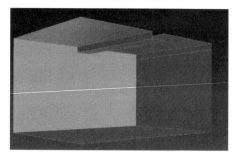

图 7-7 避免重叠面

课堂范例——绘制U盘

步骤01 绘制坯型。在左视图绘制一个矩形，参数如图7-8所示。然后添加【挤出】修改器，设置数量为48，再添加【编辑多边形】修改器，按快捷键【F4】带边面显示，如图7-9所示。

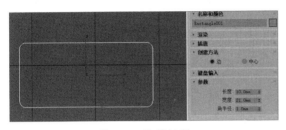

图7-8 绘制矩形   图7-9 挤出成型

步骤02 绘制滑盖缝隙。按快捷键【2】进入【边】子对象，在前视图选择所有长边，单击 连接 后的按钮，将【滑块】参数调到-35，如图7-10所示，然后单击 ⊘ 按钮。单击 切角 后的按钮，设置边切角量为0.3，然后单击 ⊘ 按钮，如图7-11所示。

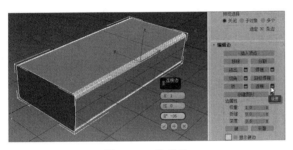
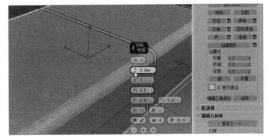

图7-10 连接边   图7-11 切角边

温馨
提示
在使用【连接】时，选择的边必须连续，如图7-12左图所示。若隔了有一条以上的边就无法连接，如图7-12右图所示。

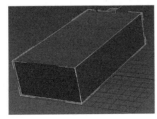
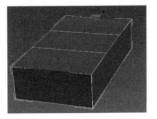

图7-12 需要连接的两边不能隔断

步骤03 按快捷键【1】切换到【顶点】子对象，在前视图框选中间的顶点，按快捷键

【Ctrl+Shift+N】锁定选择，切换到【选择并均匀缩放】按钮　锁定XY轴在左视图略微缩小，如图 7-13 所示，然后按快捷键【Ctrl+Shift+N】解除锁定选择。

步骤 04　在透视图中按快捷键【Ctrl+R】环绕到截面，切换到【边】子对象，选择两条对边设置参数，单击　按钮应用并继续一次，如图 7-14 所示，然后单击　按钮确定。

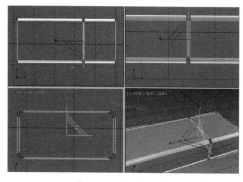

图 7-13　缩小顶点

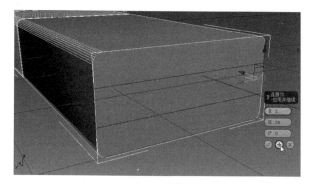

图 7-14　连接边

步骤 05　绘制USB插头。选择中间的面，挤出 13，如图 7-15 所示。单击　插入　后的按钮，设置数量为 0.2，如图 7-16 所示。

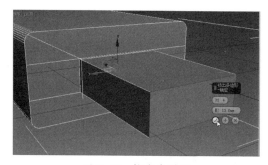

图 7-15　挤出多边形

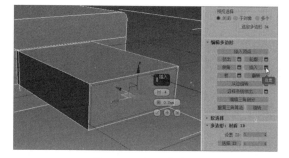

图 7-16　插入多边形

步骤 06　连接最内侧的两条边，设置参数如图 7-17 所示。选择下部多边形，挤出 -13，如图 7-18 所示。

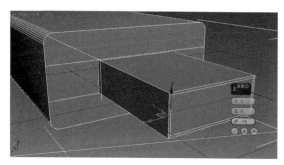

图 7-17　连接边

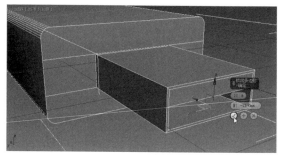

图 7-18　挤出多边形

步骤 07　选择USB插头顶面两侧边（①和②）连接，如图 7-19 所示；然后连接添加边，如

图 7-20 所示。用同样的方法绘制另一面。

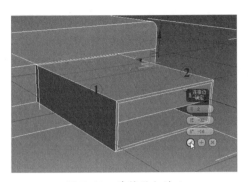

图 7-19　连接添加边 1

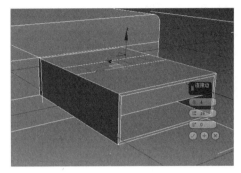

图 7-20　连接添加边 2

步骤 08　选择中间的两个多边形，挤出 -0.2，如图 7-21 所示。按快捷键【Ctrl+R】环绕观察另一面，选择中间的两个多边形，按住【Shift】键锁定 Z 轴往上拖动，到底面挖空则可，如图 7-22 所示。

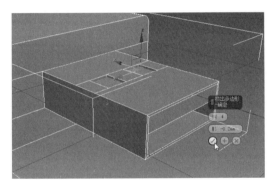

图 7-21　挤出面

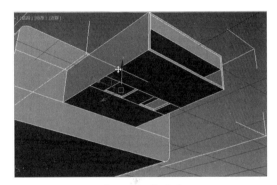

图 7-22　拖动面

步骤 09　绘制穿口。环绕到另一头，用前面的方法连接生成面，然后选择中间的两条边，按快捷键【E】切换到【选择并均匀缩放】按钮 ，设置为【使用选择中心】按钮 ，锁定 Y 轴缩小，如图 7-23 所示。再锁定 Z 轴略为缩小，如图 7-24 所示。

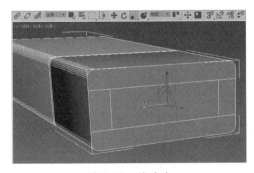

图 7-23　缩放边

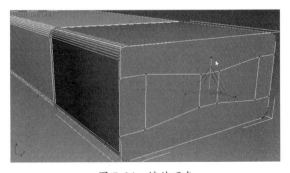

图 7-24　缩放顶点

步骤 10　选择开孔面，挤出 -1，再挤出 -2，如图 7-25 所示。

步骤 11 选择如图 7-26 所示的多边形，按快捷键【W】切换到【选择并移动】按钮✛，按【Shift】键锁定 Y 轴拖动到挖空即可。

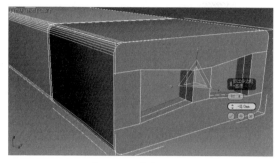

图 7-25 挤出开孔面

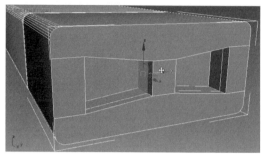

图 7-26 智能挤出孔洞

步骤 12 绘制挂扣。单击【创建】面板→【图形】图标→【螺旋线】按钮，在顶视图创建一个螺旋线，在【渲染】卷展栏下选中【在视口中启用】和【在渲染中启用】复选框，其他参考参数及位置如图 7-27 所示。

步骤 13 绘制 Logo。在顶视图创建文本，如图 7-28 所示。

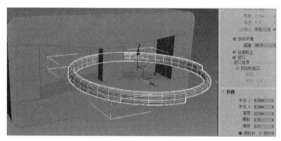

图 7-27 绘制挂扣

图 7-28 创建 Logo 文字

步骤 14 将文字挤出 0.3，在前视图锁定 Y 轴拖动到与坯体大约一半相交，如图 7-29 所示。然后选择坯体，单击【创建】面板→【几何体】图标→【复合对象】列表→【ProBoolean】按钮→【开始拾取】，单击文字，如图 7-30 所示。

步骤 15 按快捷键【F4】取消带边面显示，添加【平滑】修改器，U 盘模型效果如图 7-31 所示。

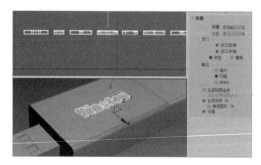

图 7-29 移动文字

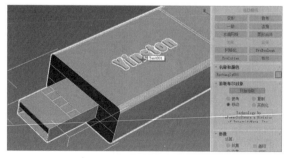

图 7-30 超级布尔求差集

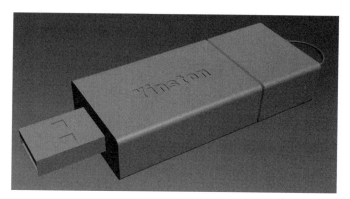

图 7-31 U盘模型效果

7.2.2 无缝建模

无缝建模，从字面意思理解是表面光滑没有缝隙，主要用于绘制具有曲面的工业产品，是对一体化建模的一个补充。其主要步骤有三步：创建基本体→编辑多边形→网格光滑。与一体化建模方法相比，多了最后一步。

课堂范例——绘制水龙头模型

步骤01 在顶视图创建一个半径为12、高为4、边数为32的【圆柱体】对象，右击后选择【转换为:】→【转换为可编辑多边形】命令，按快捷键【4】进入【多边形】子对象，再按快捷键【F4】带边面显示，选择顶面单击【插入】按钮插入一个面，如图7-32所示。

步骤02 单击【挤出】后面的按钮，分3次挤出25、10、10，如图7-33所示。

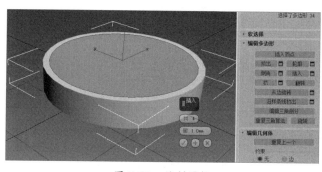

图 7-32 绘制圆柱

图 7-33 挤出多边形

步骤03 按快捷键【Q】切换到【选择对象】工具，在前视图选择上面两排多边形，然后在顶视图中按住【Alt】键减选后面的面，如图7-34所示。

步骤04 单击【挤出】按钮，挤出5，再按快捷键【1】切换到【顶点】子对象，选择下面的顶点，往上移动5，如图7-35所示。

步骤05 进入【多边形】子对象，挤出10；进入【顶点】子对象，选择两排顶点，往上移动3，如图7-36所示。

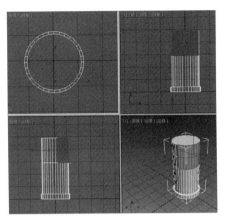

图 7-34　选择多边形

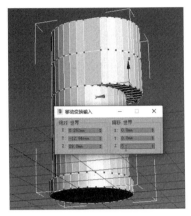

图 7-35　上移顶点 1

步骤 06　进入【多边形】子对象，挤出 40；进入【顶点】子对象，选择两排顶点，往上移动 4；再次进入【多边形】子对象，右击【选择并非均匀缩放】按钮，在弹出的对话框中将水龙头宽度方向缩小 70%，如图 7-37 所示。

图 7-36　上移顶点 2

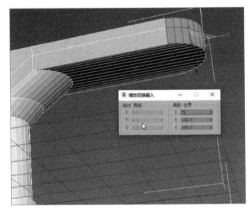

图 7-37　缩小龙头宽度

步骤 07　绘制出水口。进入【多边形】子对象，选择水龙头下部的面，单击 切片平面 按钮，在弹出的对话框中将切片平面旋转 90°，如图 7-38 所示。移动到出水口位置，单击 切片 按钮，创建一条边，如图 7-39 所示。将切片平面前移到出水口另一端，再切片创建一条边。

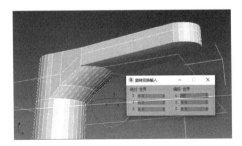

图 7-38　调整切片平面

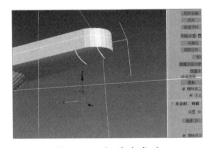

图 7-39　切片生成边

步骤 08　选择出水口的多边形，按快捷键【Delete】删除，再切换到【边界】子对象，选择边界，单击 封口 按钮将其封口，如图 7-40 所示，再选择新面单击 平面化 按钮。

步骤 09　由于出水口是圆形的，这里需要处理一下。右击选择【剪切】命令，在新平面上剪切 4 条边，如图 7-41 所示。

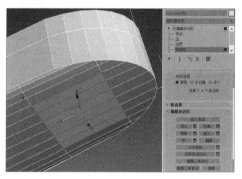

图 7-40　删除出水口的多边形

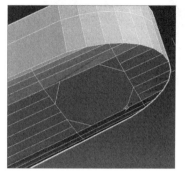

图 7-41　剪切生成边

步骤 10　选择出水口多边形，挤出 4。单击 插入 按钮，插入 1，如图 7-42 所示。再选择多边形，挤出 -8，如图 7-43 所示。

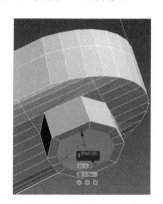

图 7-42　挤出、插入面

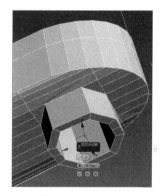

图 7-43　挤出面

步骤 11　添加【网格平滑】修改器后，发现细节处有问题，如图 7-44 所示。这是因为段数不够，只需要添加足够的段数即可。可先在出水口选择那一圈面，挤出 0.5，如图 7-45 所示。

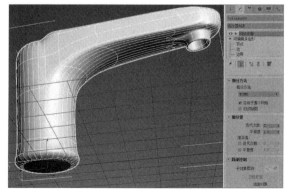

图 7-44　网格平滑

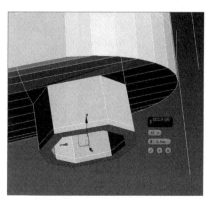

图 7-45　通过挤出增加段数

步骤 12 选择出水口的垂直边，单击 环形 按钮选择一整圈边，再单击 连接 按钮，设置如图 7-46 所示，再选择水管上部的面，用【切片平面】命令细化一下，如图 7-47 所示。

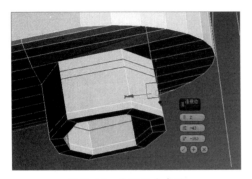

图 7-46 连接边生成边

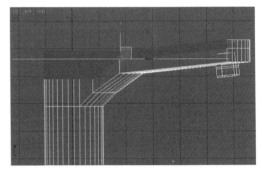

图 7-47 切片平面

步骤 13 切换到【网格平滑】堆栈，可以看到效果比较理想了，如图 7-48 所示。再用前面的方法绘制开关，模型参考效果如图 7-49 所示。

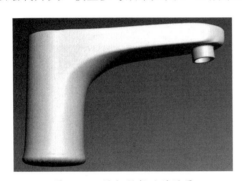

图 7-48 添加段数后的效果

图 7-49 绘制开关

课堂问答

问题 1：子对象"边"和"边界"有何区别？

答：边是两个顶点连接而成的线，而边界是删除多边形后连续的开放的若干条边，如图 7-50 所示。

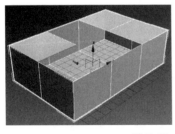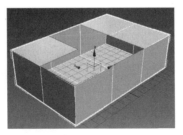

图 7-50 边与边界

问题 2：在多边形建模的子命令中，【移除】和【删除】有何不同？

答：编辑多边形时，在【顶点】和【边】子对象中都有【移除】子命令。【移除】与【删除】的区别是：【移除】（快捷键【Backspace】）仅仅移除顶点或边，一般不会影响多边形，而【删除】（快捷键【Delete】）则一定影响相关的多边形，以图 7-51 为例，图 7-52 是【移除】顶点的效果，而图 7-53 则是【删除】顶点的效果。

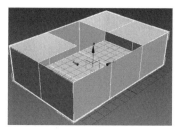
图 7-51 原图

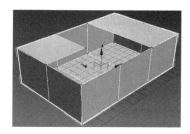
图 7-52 【移除】顶点的效果

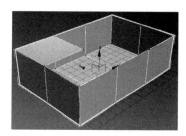
图 7-53 【删除】顶点的效果

问题 3：分段的方法有哪些，分别适用于哪些场合？

答：通过前面的介绍和训练得知，增加段数的方法归纳起来如表 7-7 所示。

表 7-7 增加段数的方法及说明

方法	说明
在创建参数里设定	适合比较简单的模型，而对于较复杂的模型，编辑量大且面数多，故不推荐
连接边	方便灵活，但不太适合于不相等的边
剪切	灵活，适用于少量加边
切片平面	一刀切，整齐，适用于在参差不齐的边上加相等长度的边
快速切片	方便灵活，能在同一个面上的多边形内快速加边
连接顶点	精准，连接两个选中的无隔断的顶点

上机实战——绘制菱镜、软包和屏风

为让读者巩固本章知识点，下面讲解几个技能拓展案例，使大家对本章的知识有更深入的了解。菱镜、软包和屏风的模型效果如图 7-54 所示。

效果展示

图 7-54 菱镜、软包和屏风的模型效果

对于这种图案型模型，若是按常规方法来做效率很低，最佳建模方法就是用石墨建模方法。其思路是先绘制面，然后转为可编辑多边形，生成拓扑图形，再编辑多边形。

制作步骤

1. 绘制菱镜

步骤 01　在菜单栏中选择【自定义】→【单位设置】命令，在弹出的对话框中将【显示单位比例】和【系统单位比例】都设为"毫米"，如图 7-55 所示。

步骤 02　在前视图创建一个平面，按快捷键【F4】带边面显示，参数如图 7-56 所示。按【Shift】键锁定 X 轴向右拖动复制 4 个，然后选择第一个平面按快捷键【Alt+Q】单独显示。

步骤 03　选择功能区上的【建模】选项卡→【多边形建模】下拉菜单→【转化为多边形】命令将其转为多边形，如图 7-57 所示。然后就会看到【生成拓扑】图标被激活了。

图 7-55　设置单位

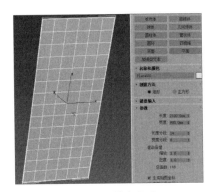
图 7-56　创建平面

图 7-57　转化为多边形

步骤 04　单击【生成拓扑】按钮，显示出【拓扑】面板，选择【边方向】，就自动生成了菱形的线条，其顶点与原有的一致，如图 7-58 所示。

步骤 05　按快捷键【4】进入【多边形】子对象，按快捷键【Ctrl+A】全选多边形，单击【倒角】后面的设置按钮，在视图中选择【按多边形】方式，如图 7-59 所示。设置【高度】为 5，【轮廓】为 -5，单击⊘按钮，这样就快速做成了一种菱镜效果，如图 7-60 所示。

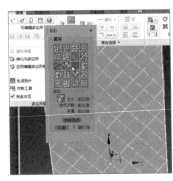
图 7-58　选择【边方向】拓扑

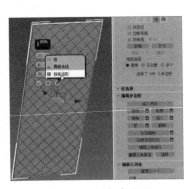
图 7-59　倒角多边形

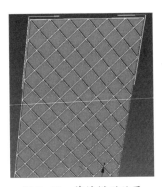
图 7-60　菱镜模型效果

2. 绘制软包

步骤 01 右击后选择【全部取消隐藏】命令，选择第二个平面按快捷键【Alt+Q】单独显示。在【修改】面板将段数改为如图 7-61 所示。在【拓扑】面板中选择【蒙皮】，如图 7-62 所示。

步骤 02 按快捷键【Ctrl+A】全选多边形，单击【倒角】后面的设置按钮，选择【按多边形】方式，设置【高度】为 10，【轮廓】为 -5，如图 7-63 所示，单击✅确定。

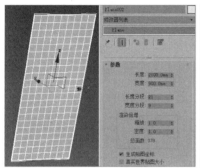
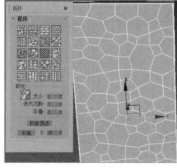
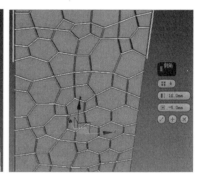

图 7-61 修改段数　　　　图 7-62 选择【蒙皮】拓扑　　　　图 7-63 倒角多边形

步骤 03 按快捷键【2】切换到【边】子对象，在主工具栏将选择方式设为【窗口】模式▦，并选择倒角后的边，如图 7-64 所示。单击【切角】后的设置按钮，参数如图 7-65 所示。然后单击✅按钮进行确定即可。

步骤 04 添加【平滑】修改器，软包模型创建成功，效果如图 7-66 所示。

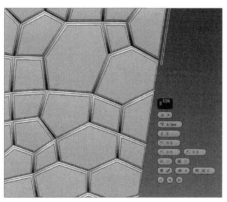
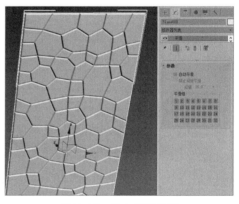

图 7-64 窗口　　　　图 7-65 切角边　　　　图 7-66 软包模型效果
选择边

3. 绘制屏风

步骤 01 右击后选择【全部取消隐藏】命令，选择第三个平面按快捷键【Alt+Q】单独显示。将长度段数和宽度段数分别改为 21 和 9。在【拓扑】面板中选择【交叉】，如图 7-67 所示。

步骤 02 按快捷键【Ctrl+A】全选多边形，单击【插入】后面的设置按钮，选择【按多边形】方式，设置【数量】为 10，单击✅按钮，如图 7-68 所示。

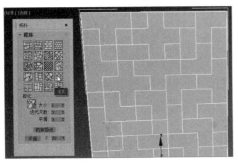

图 7-67　选择【交叉】拓扑

图 7-68　插入多边形

步骤 03　按【Delete】键删除面，如图 7-69 所示。添加一个【壳】修改器，屏风模型绘制完成，如图 7-70 所示。

图 7-69　删除面

图 7-70　添加【壳】修改器

技能拓展　为了夯实石墨工具建模技巧，以下再用另外的方法绘制两扇屏风，以期达到运用自如的效果。

步骤 04　右击后选择【全部取消隐藏】命令，选择第四个平面按快捷键【Alt+Q】单独显示。将长度段数和宽度段数分别改为 21 和 9。在【拓扑】面板中选择【厚木板 3】，如图 7-71 所示。

步骤 05　按快捷键【Ctrl+A】全选多边形，插入 10，按【Delete】键删除面。然后全选多边形，单击【挤出】后面的设置按钮，挤出 9，再单击【倒角】后面的设置按钮，参数如图 7-72 所示。

图 7-71　选择【厚木板 3】拓扑

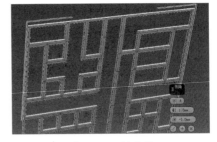

图 7-72　倒角面

步骤 06　取消子对象，添加一个【对称】修改器，如图 7-73 所示，按快捷键【F4】取消带边面显示，屏风 2 的模型创建完成，如图 7-74 所示。

图 7-73　添加【对称】修改器

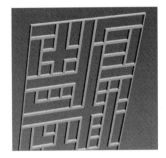

图 7-74　屏风 2 模型效果

步骤 07　右击后选择【全部取消隐藏】命令，选择第五个平面按快捷键【Alt+Q】单独显示。将长度段数和宽度段数分别改为 21 和 9，在【拓扑】面板中选择【马赛克】，如图 7-75 所示。

步骤 08　按快捷键【Ctrl+A】全选多边形，插入 10，按【Delete】键删除面。然后全选多边形，单击【倒角】后面的设置按钮，分 3 次倒角，参数如图 7-76 所示。屏风 3 模型效果如图 7-77 所示。

图 7-75　选择【马赛克】拓扑

图 7-76　【倒角】参数

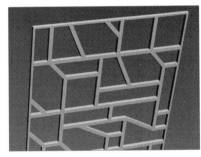

图 7-77　屏风 3 模型效果

同步训练——绘制包装盒

为增强读者的动手能力，下面安排一个同步训练案例，以让读者达到举一反三、触类旁通的学习效果。绘制包装盒的流程如图 7-78 所示。

图解流程

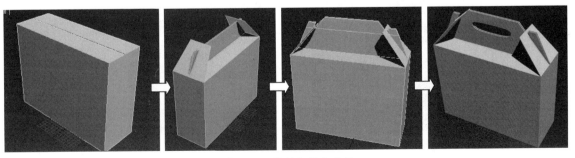

图 7-78　绘制包装盒流程

对于折叠纸盒类包装模型，最好先将基本几何体转换为可编辑多边形，删除顶面后进行多边形编辑，完成编辑后再加上【壳】修改器赋予厚度，接着用超级布尔运算挖出手提口，再次转化为多边形，设定材质ID号，最后贴图渲染。

关键步骤

步骤 01 设置好单位后，绘制一个 340×120×260 的长方体，右击后选择【转换为：】→【转换为可编辑多边形】命令，按快捷键【4】选择【多边形】子对象，删除顶面，再按快捷键【F4】将其带边面显示，选择如图 7-79 所示的两条边，选择缩放工具，单击【使用选择中心】按钮，按住【Shift】键锁定X轴缩放至中心处，如图 7-80 所示。

步骤 02 按快捷键【W】切换至【选择并移动】按钮，按住【Shift】键锁定 Z 轴复制；再切换到缩放工具，锁定 Y 轴进行缩放，如图 7-81 所示。

图 7-79 选择两条边

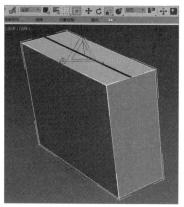
图 7-80 绘制盒盖

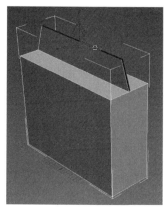
图 7-81 挤出提手部分

步骤 03 用同样的方法，选择①和②两条边，做出如图 7-82 所示的效果。

步骤 04 通过选边连接的方式造一个面，绘制卡口部分，如图 7-83 所示。

图 7-82 绘制两耳部分

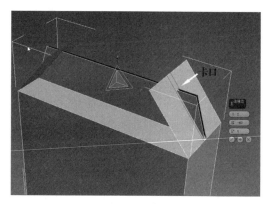
图 7-83 绘制卡口部分

步骤 05 继续通过连接边的方法连接一条边，调整到合适的位置，如图 7-84 所示，然后删除卡口的面，选择两耳最上面的 4 个顶点，沿 X 轴缩小 75%。

步骤 06 进入【边】子对象，单击 插入顶点 按钮，在两个卡口位置各插入 4 个顶点，如图 7-85 所示。然后对齐两边的顶点。

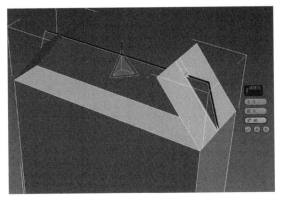
图 7-84 删除卡口的面

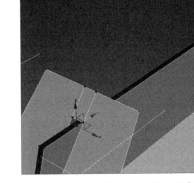
图 7-85 插入顶点

步骤 07 选择卡口两边的【边】子对象，按住【Shift】键锁定 Z 轴复制，再锁定 Y 轴缩放，调整后如图 7-86 所示。

步骤 08 添加一个【壳】修改器，在左视图中绘制一个手提口的二维形状，然后添加一个【挤出】修改器，用【ProBoolean】命令挖出手提口，如图 7-87 所示。

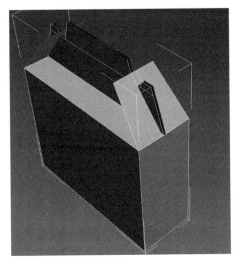
图 7-86 绘制卡口上面部分

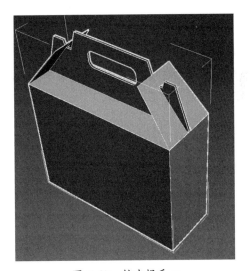
图 7-87 挖出提手口

知识能力测试

一、填空题

1. 多边形建模需避免_____面。

2.【编辑多边形】修改器中【挤出】子命令有_____、_____和_____种方式。

3.【选择锁定切换】开关🔒的快捷键是_____。

4.【编辑多边形】修改器中焊接顶点的选择方法有_____和_____两种。

二、选择题

1. 属于【编辑多边形】修改器独有的子对象是（　　　）。

A. 面　　　　　　　B. 边界　　　　　　　C. 边　　　　　　　D. 元素

2. 一般情况下，在相等的连续边上加边用（　　　）。

A. 连接边　　　　　B. 剪切　　　　　　　C. 切片平面　　　　D. 快速剪切

3. 在编辑多边形时，倒角的高度为 0 时和轮廓为 0 时，分别相当于（　　　）命令。

A. 挤出，插入　　　B. 插入，挤出　　　　C. 轮廓，翻转　　　D. 翻转，轮廓

4. 绘制踢脚线最好用（　　　）。

A. 连接　　　　　　B. 剪切　　　　　　　C. 切片平面　　　　D. 快速切片

5.【编辑多边形】的子命令【翻转】相当于修改器（　　　）。

A. 镜像　　　　　　B. 法线　　　　　　　C. 对称　　　　　　D. 切片

三、判断题

1. 几何体段数越少，网格平滑后就越圆滑。　　　　　　　　　　　　　　　　　　（　　　）

2. 用【编辑多边形】修改器建模时段数最好先设少点，再逐步细分。　　　　　　　（　　　）

3. 在编辑多边形时选择任意两条边都能连接。　　　　　　　　　　　　　　　　　（　　　）

4. 在编辑多边形时能够用【移除】命令移除选中的多边形。　　　　　　　　　　　（　　　）

5. 可以用【对齐对象】命令对齐顶点。　　　　　　　　　　　　　　　　　　　　（　　　）

6. 在编辑多边形时可以选择需要平滑的面进行网格平滑。　　　　　　　　　　　　（　　　）

7. 在编辑多边形时，用【切片平面】命令定出切片位置后，需要单击一次【切片】按钮才能进行切片。　　　　　　　　　　　　　　　　　　　　　　　　　　　　　　　　　　　　（　　　）

8. 在编辑多边形时，可用【环形】或【循环】命令选择【多边形】子对象。　　　　（　　　）

四、简答题

1.【编辑多边形】修改器中选择边的方法有哪些？分别有什么作用？

2.【拓扑】命令有什么用？如何对几何体进行拓扑？

3ds Max 2022

第8章
摄影机及灯光

本章将开始进入一个新的阶段,系统地介绍几类摄影机的使用技巧,以及 VRay 渲染的设置要点。在大自然中,有了光才能看见五彩斑斓的世界。对三维效果图或动画而言,除了运用模型和材质的语言描绘对象之外,我们还得能熟练地运用灯光语言来描绘对象。本章介绍如何运用 3ds Max 2022 灯光语言来表现对象。

学习目标

- 理解摄影机的原理
- 掌握 VRay 相机的设置技巧
- 掌握 VRay 渲染的设置要点
- 掌握 VRay 灯光的使用要点

8.1 摄影机

摄影机是场景中不可缺少的组成单位，最后完成的静态、动态图像都要在摄影机视图中表现。3ds Max提供了两种观察场景的方式：透视视图和摄影机视图。透视视图和摄影机视图的观察效果基本相似，只是透视视图在编辑过程中控制更加灵活，但因其不固定，所以在进行最终渲染时建议使用摄影机视图。

一幅渲染出来的图像其实就是一幅画面。在模型定位之后，光源和材质决定了画面的色调，而摄影机决定了画面的构图。当一个场景搭建好后，需要从各个方向来观察和渲染它。在输出静态平面图像时，需要注意透视校正问题。在输出动态视频动画时，摄影机的推、拉、摇、移等动作是非常重要的镜头语言和表现手段。在制作摄影机动画时需要注意，摄影机在移动的同时，要随时调整好画面的构图。

3ds Max中的摄影机拥有超过现实摄影机的能力。比如，更换镜头会在瞬间完成，无级变焦更是真实摄影机所无法比拟的。对于摄影机动画，除了可以变动位置外，还可以表现焦距、视角及景深等动画效果。

8.1.1 摄影机的主要参数

摄影机的最主要构件是镜头，镜头参数可用焦距或视野来描述，如图8-1所示。

1. 焦距

焦距指镜头与感光表面间的距离。焦距会影响画面中包含对象的数量，焦距越短，画面中能够包含的场景画面范围越大；焦距越长，画面中包含的场景画面范围越小，但却能够更清晰地表现远处场景的细节。

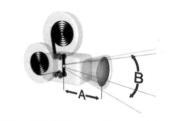

图8-1　镜头参数（A为焦距；B为视野）

焦距以mm为单位，通常50mm的镜头为摄影的标准镜头，低于50mm为广角镜头，50～80mm的镜头为中长焦镜头，高于80mm为长焦镜头。

2. 视野

视野用来控制场景可见范围的大小，单位为"地平角度"。这个参数与镜头的焦距有关。比如，50mm镜头的视角范围为46°，镜头越长则视角越窄。

短焦距（宽视角）会加剧透视失真，而长焦距（窄视角）能够降低透视失真。50mm镜头最接近人眼，所以产生的图像效果比较正常，多用于快照、新闻图片及电影制作。

8.1.2 摄影机类别

3ds Max 2022有标准摄影机，安装VRay渲染器后还有VRay摄影机。标准摄影机包含目标摄影机、自由摄影机和物理摄影机 3 种，VRay 相机有两种，如表 8-1 所示。

表 8-1　3ds Max 2022 主要摄影机简介

分类		简介
标准摄影机	目标摄影机	用于观察目标点附近的场景内容。它有摄影机、目标两部分，可以很容易地单独进行控制调整，并分别设置动画
	自由摄影机	用于观察摄影机方向内的场景内容，多用于轨迹动画，可以用来制作室内外装潢的环游动画，车辆移动中的跟踪拍摄。自由摄影机的方向能够随路径的变化而自由地变化，可以无约束地移动和定向
	物理摄影机	模拟真实的单反相机，可以调整快门、光圈等参数，除了能构图之外还能控制渲染的亮度、景深等
VRay 相机	VRay 穹顶相机	是垂直角度的相机，相机和目标点永远呈直线形式，不能移动，适合渲染平、立面图
	VRay 物理相机	为 VRay 模拟真实的单反相机，在光圈、感光度等主要参数上与标准摄影机的物理摄影机相似，在其他参数上稍微丰富一些

技能拓展

　　物理相机的核心参数为光圈、快门、感光度（ISO）。光圈即进光口的大小，光圈大则进光量多，画面亮，反之则暗。需要注意的是，光圈的数字与大小是反着的，大数字为小光圈，小数字为大光圈。快门控制曝光时间，一般用 1/X 秒表示，时间越长，进光量越多，但是若被摄物体在运动，照片记录的是这段时间内运动的轨迹，照片就会模糊。感光度是感光元件对光线的敏感程度，简单点理解就是 ISO 数值越大，照片越亮，画质越差（计算机中的相机不会有这种情况）。三者关系如图 8-2 所示。

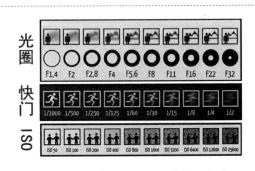

图 8-2　物理相机三大核心参数示意图

8.1.3　摄影机的创建与调整

　　摄影机的创建方法非常简单，单击【创建】面板→【摄影机】图标→【目标】按钮，在视图中单击并拖动鼠标，确定摄影机图标和目标点的位置，到适当位置后释放鼠标左键，即可创建一个目标摄影机。

1. 摄影机控制区的调整

　　创建完摄影机后，需调整其观察方向和视野，以达到最佳观察效果。其中，调整摄影机图标和目标点的位置可调整观察方向，使用视图控制区的工具可调整观察视野（将视图切换为摄影机视图后，即可看到右下角原视图控制工具变为摄影机的调整工具）。标准摄影机视图控制区各功能简介如表 8-2 所示。

· 149 ·

表 8-2　标准摄影机视图控制区各功能简介

功能	简介
◄‖ 推拉摄影机	选择此按钮，然后在摄影机视图中拖动鼠标，可使摄影机图标靠近或远离拍摄对象，以缩小或增大摄影机的观察范围
▷ 视野	选择此按钮，然后在摄影机视图中拖动鼠标，可缩小或放大摄影机的观察区。由于摄影机图标和目标点的位置不变；因此使用该工具调整观察视野时，容易造成观察对象的视觉变形
▣ 平移摄影机	选择此按钮，然后在摄影机视图中拖动鼠标，可沿摄影机视图所在的平面平移摄影机图标和目标点，以平移摄影机的观察视野
⟳ 侧滚摄影机	选择此按钮，然后在摄影机视图中拖动鼠标，可使摄影机图标绕自身Z轴（摄影机图标和目标点的连线）旋转
🐦 环游摄影机	选择此按钮，然后在摄影机视图中拖动鼠标，可使摄影机图标绕目标点旋转（摄影机图标和目标点间的距离保持不变）。按住此按钮不放会弹出【摇移摄影机】按钮，使用此按钮可以将目标点绕摄影机图标旋转

2.【目标摄影机】修改面板中的参数

单击【目标摄影机】图标后，在修改面板中将显示出摄影机的参数，如图 8-3 所示。下面着重介绍几个参数，如表 8-3 所示。

表 8-3　目标摄影机参数简介

参数	简介
镜头	显示和调整摄影机镜头的焦距，镜头越长，视野越小
视野	显示和调整摄影机的视角，视野越大，镜头越短。左侧的按钮用于设置摄影机视角的类型，有对角、水平和垂直三种类型，分别表示调整摄影机观察区对角、水平和垂直方向的角度
正交投影	选中此复选框后，摄影机无法移动到物体内部进行观察，且渲染时无法使用大气效果
备用镜头	单击该区中的任一按钮，即可将摄影机的镜头和视野设为该备用镜头的焦距和视野。其中，小焦距多用于制作鱼眼的夸张效果，大焦距多用于观测较远的景物，以保证物体不变形
类型	该下拉列表框用于转换摄影机的类型，将目标摄影机转换为自由摄影机后，摄影机的目标点动画将会丢失
显示地平线	选中此复选框后，在摄影机视图中将显示出一条黑色的直线，表示远处的地平线
剪切平面	该区中的参数用于设置摄影机视图中显示哪一范围的对象，常利用此功能观察物体内部的场景（选中【手动剪切】复选框可开启此功能，【远距剪切】和【近距剪切】编辑框用于设置远距剪切平面和近距剪切平面与摄影机图标的距离）
多过程效果	该区中的参数用于设置渲染时是否对场景进行多次偏移渲染，以产生景深或运动模糊的摄影特效。选中【启用】复选框，即可开启此功能；下方的【效果】下拉列表框用于设置使用哪一种多过程效果（选定某一效果后，在【修改】面板将显示出该效果的参数，默认选择【景深】选项）
目标距离	该编辑框用于显示和设置目标点与摄影机图标间的距离

图 8-3　【目标摄影机】修改面板参数

3.【VRay 物理相机】修改面板中的参数

该相机功能强大，参数也很庞杂，对于初学者来说有一定的难度，其实在效果图中所用到的参数并不多，景深和散景特效一般情况下不会用到，基本属性是学习的重点和难点。其修改面板参数如图 8-4 所示。下面着重介绍几个参数，如表 8-4 所示。

表 8-4　VRay物理相机参数简介

参数	简介
基本和显示	【目标】复选框用于确定是否需要手动控制摄影机目标点。其后的类型下拉列表中有三种：【照相机】主要模拟常规的静态画面的相机，也是在效果图中所用的一种相机类型；【电影相机】主要模拟电影相机效果；【视频相机】主要模拟录像机的镜头
传感器和镜头	【胶片规格】是指感光材料的对角尺寸，35mm 的胶片是最流行的胶片画幅，也就是常说的照片底版（负片）大小，该数值越大，画幅也就会越大，透视越强，所看到的画面也越多。另外，【视野】【缩放因子】【焦距】等选项非常类似，都能控制焦距与视野
光圈	【光圈数】控制光通过镜头到达胶片所通过孔的大小，数值越大进光越少；【感光度】数字越大，感光越强，白天用小数字以避免曝光过度；【快门速度】控制曝光时间，时间越短进光越少，用于夜景或表现动感可调大快门速度
景深和运动模糊	控制是否开启景深或运动模糊效果
颜色和曝光	【曝光】可选择曝光方式和曝光值。【光晕】可模拟画面中心部分比边缘部分亮的傻瓜相机效果。【白平衡】针对不同色温条件下，通过调整摄影机内部的色彩电路使拍摄出来的影像抵消偏色，更接近人眼的视觉习惯
倾斜和移动	控制在垂直与水平方向的透视效果，类似于相机修正功能，而【猜测垂直倾斜】【猜测水平倾斜】则相当于自动校正摄影机功能，室内较少用
散景效果	比较适合做夜景，效果图很少用。【叶片数】控制散景后的形状边数，数值越大，边数就越多，也就越接近圆形。【旋转】控制边缘形状的旋转角度。【中心偏移】控制边缘形状的偏移值。【各向异性】控制边缘形状的变形强度，数值越大，形状就越长
剪切和环境	与目标摄影机的【剪切平面】选项类似，但多了环境范围参数，主要是针对环境面板中的特效范围

图 8-4　【VRay 物理相机】
修改面板参数

4.【摄影机校正】修改器

在【修改器】菜单栏还有一个【摄影机校正】修改器，专门用于获取摄影机上的两点透视效果。

8.2 渲染

渲染是 3ds Max 制作中一个重要的环节。渲染就是依据所指定的材质、所使用的灯光及背景与大气环境的设置，将在场景中创建的几何体实体显示出来，将三维的场景转化为二维的图像，也就是为创建的三维场景拍摄照片或录制动画。

3ds Max 2022 有丰富的渲染，特别是对于欧特克注册用户，提供了 A360 云渲染，能在较短的时间内创建出真实照片级和高分辨率图像。下面介绍一下最基本也是最常用的渲染方法。

8.2.1 渲染的公用参数

渲染场景前，需设置场景的渲染参数，以达到最好的渲染效果。在菜单栏中选择【渲染】→【渲染设置】命令可打开【渲染设置】对话框，如图 8-5 所示。利用该对话框中的参数可调整场景的渲染参数，下面介绍一下【公用】选项卡中各项参数的作用，如表 8-5 所示。

图 8-5 渲染的公用参数

> **技能拓展**
>
> 按【F10】键即可弹出【渲染设置】对话框。视口显示不等于渲染范围。要看到渲染范围可按快捷键【Shift+F】显示安全框。

表 8-5 渲染设置【公用】选项卡简介

参数	简介
目标	选择产品级、迭代、云、网络等渲染模式
预设	选择预设的渲染
渲染器	切换渲染器
查看到渲染	即渲染哪个视图
时间输出	用于设置渲染的范围
输出大小	设置渲染输出的图像或视频的宽度和高度
选项	用于控制是否渲染场景中的大气效果、渲染特效和隐藏对象
渲染输出	用于设置渲染结果的输出类型和保存位置

8.2.2 VRay渲染设置及流程

VRay渲染器是由Chaosgroup集团和Asgvis公司出品的一款高质量渲染软件，它操作简单、效果逼真，是目前业界较受欢迎的渲染引擎。VRay渲染流程分为 3 步，如表 8-6 所示。

表 8-6　VRay 渲染流程

流程	目的	途径	设置
1. 草图	要速度	尺寸小，质量低	尺寸：640×480 左右 GI：首次引擎（发光图）非常低 二次引擎（灯光缓存）100
2. 准备出大图	速度质量兼顾	尺寸小，质量高	尺寸不变 GI：首次引擎（发光图）高 二次引擎（灯光缓存）1500 以上 渲染一次，保存发光图和灯光缓存计算结果
3. 出大图	要质量	尺寸大，质量高	尺寸调大为草图的 4 倍以内，然后载入第 2 步的发光图及灯光缓存的计算结果

温馨提示

VRay 属外挂插件，所以每个版本的 3ds Max 都有相应版本的 VRay 与之匹配，否则安装不了或运行不了。与 3ds Max 2022 匹配的是【V-Ray 5，update1.2】。

8.3　VRay灯光类别

VRay 灯光是与 VRay 渲染器配套的灯光，参数简洁，调节效率高，有【VRay 灯光】【VRay IES】【VRay 太阳】【VRay 环境光】四种。

8.3.1　VRay灯光

【VRay 灯光】的创建方法非常简单，只需单击【创建】面板→【灯光】图标→【VRay】列表→【VRay 灯光】按钮，然后在视图中拖动即可。再单击【修改】面板，就会有如图 8-6 所示的参数。下面对一些主要的参数进行讲解，如表 8-7 所示。

表 8-7　【VRay 灯光】参数简介

参数	简介
类型	有【平面灯】【穹顶灯】【球体灯】【网格灯】【圆形灯】五种类型。一般用来模拟室外光源、天光、模糊中心位置
单位	有多种单位可选，但一般都使用默认单位
颜色	可以用颜色和色温来控制颜色
长度，宽度	可控制灯光的尺寸，而尺寸与倍增紧密联系
选项	设置是否投射阴影、是否双面发光、是否不可见、是否不衰减等
采样	阴影偏移参数影响对象投射阴影的位置，中止参数影响灯光的照射范围

图 8-6　【VRay 灯光】参数

8.3.2 VRay 太阳光

单击【VRay 太阳光】按钮，在视图中拖曳即可。这时会弹出一个提示【是否添加VRay天空环境贴图】的提示框，如图 8-7 所示。

单击【是】按钮，按快捷键【8】将弹出【环境和效果】对话框，可以看到已经将【VRay 天空】贴图贴到【环境贴图】中。再将其拖动复制到材质球上，就可以调整上面的参数控制天光，如图 8-8 所示。通过【VRay 太阳光】和【VRay 天空】贴图的紧密配合，调节相关参数，就可以模拟出非常逼真的太阳光效果。

单击【VRay 太阳光】按钮，再单击【修改】面板，就会有如图 8-9 和表 8-8 所示的参数。

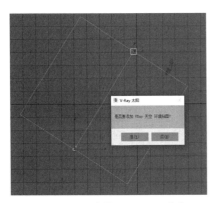
图 8-7　创建【VRay 太阳光】

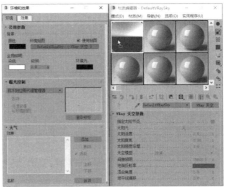
图 8-8　VRay 环境贴图参数

图 8-9　【VRay 太阳光】参数

表 8-8　【VRay 太阳光】参数简介

参数		简介
太阳参数	强度倍增	控制太阳光的强度，数值越大表示阳光越强烈
	大小倍增	用来控制太阳的大小，这个参数会对物体的阴影产生影响，较小的取值可以得到比较锐利的阴影效果
	过滤颜色	能选择灯光颜色，一般选择暖黄色，不过制作特效时可以根据需要选择。如果设置为冷紫色，可以制造出夜晚灯光效果
	颜色模式	过滤：把VRay 太阳光和天空系统的色调偏向指定的颜色 直接：VRay 太阳光的强度不再受到位置的影响，而是直接由强度控制 覆盖：将 VRay 太阳光的颜色设置为指定的颜色，强度仍然受位置的影响
天空参数	天空模型	包括"CIE 清晰"与"CIE 阴天"等五个预设场景的模板供选择
	间接照明	能控制灯光对地面与背景贴图强度，将天空模型设置为"CIE 清晰"或"CIE 阴天"才能设置参数

续表

参数		简介
天空参数	混合角度	控制 VRay 天空在地平线和实际天空之间形成的渐变的大小
	地平线偏移	控制 VRay 天空从默认位置（绝对地平线）偏移参数
	浊度	主要用来控制大气的混浊度，光线穿过混浊的空气时，空气中的悬浮颗粒会使光线发生衍射。混浊度越高表示大气中的悬浮颗粒越多，光线的传播就会减弱
	臭氧	模拟大气中的臭氧成分，它可以控制光线到达地面的数量，值越小表示臭氧越少，光线到达地面的数量越多
选项	排除	可设置选定对象排除太阳光照射
	不可见	渲染时隐藏光源
	其他选项	设置太阳光是否投射阴影，以及是否影响漫反射与反射
采样	阴影偏移	主要用来控制对象和阴影之间的距离，值为 1 时表示不产生偏移，大于 1 时远离对象，小于 1 时接近对象
	光子发射半径	能控制"光子图文件"的细腻程度，对常规场景渲染无效

8.3.3 VRayIES

【VRayIES】是一个 V 型射线特定光源插件，可以加载 IES 灯光，能使现实世界的光分布更加逼真，与 3ds Max 中的光度学中的灯光类似。其创建方法同样是单击【创建】面板→【灯光】图标→【VRay】列表→【VRayIES】按钮，然后在视图中拖曳。接着单击【修改】面板，就会有如图 8-10 所示的参数，其主要参数介绍如表 8-9 所示。

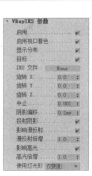

图 8-10　VRayIES 参数

表 8-9　VRayIES 参数简介

参数	简介
启用	开关。选中【目标】复选框使得 VRayIES 灯光有目标点，可以方便地调节灯光的方向
IES 文件	单击后面的按钮可载入光域网文件
中止	控制 VRayIES 灯光影响的结束值，当灯光由于衰减亮度低于设定的数字时，灯光效果将被忽略
颜色模式	利用"颜色"和"温度"设置灯光的颜色
强度值	调整 VRayIES 灯光的强度

8.3.4 VRay 环境光

【VRay 环境光】功能类似于标准灯光中的天光，可以模仿日光照射，并且可以设置天空的颜色或为天空指定贴图。

课堂问答

问题 1: 怎么样才能使渲染图的背景是透明的?

答: 输出时将其保存为 TIF 或 TGA 格式, 在设置中选中【存储 Alpha 通道】复选框, 如图 8-11 所示。进入 Photoshop 将背景层变为"图层 0", 在通道中按住【Ctrl】键单击最下面的那个【Alpha 1】通道载入其选区, 如图 8-12 所示。最后回到图层添加图层蒙版或反选删除即可。

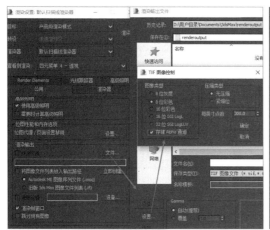
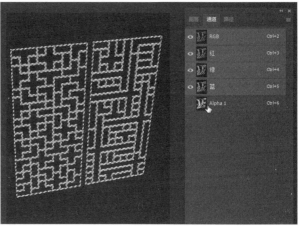

图 8-11　选中【存储 Alpha 通道】复选框　　　　图 8-12　载入 Alpha 通道选区退底

问题 2: VRay 渲染时阳光透不过玻璃应如何操作?

答: 在玻璃 VRayMtl 材质的【折射】选项里选中【影响阴影】复选框即可。

上机实战——制作室内一角效果

为让读者巩固本章知识点, 下面讲解一个技能综合案例, 使大家对本章的知识有更深入的了解。室内一角的效果如图 8-13 所示。

效果展示

图 8-13　室内一角效果图

思路分析

此场景涉及天光、阳光、暗藏灯带、筒灯、落地灯等光源，是一个灯光的综合案例。结合【VRay物理相机】的调整，天光可在渲染设置里开启环境光，阳光用【VRay太阳光】来模拟，灯带、落地灯用【VRay灯光】来模拟，筒灯用【VRayIES】或【光度学】来模拟。

制作步骤

步骤01 打开"贴图及素材\第8章\室内一角.max"，先布环境光，按快捷键【F10】，打开【渲染设置】对话框，在【V-Ray】选项卡下的【环境】卷展栏里选中【GI环境】复选框，如图8-14所示。在【GI】选项卡里把【主要引擎】设为"发光贴图"，【辅助引擎】设为"灯光缓存"，把【发光贴图】预设为"非常低"，【灯光缓存】的【细分】设为100，如图8-15所示。然后测试渲染，发现光线比较微弱，可选择【VRay物理相机】对象单击【修改】面板，将【光圈数】调为3，【快门速度】调为50，测试渲染，效果如图8-16所示。

图8-14 开启环境光　　图8-15 设置GI参数　　图8-16 环境光及光圈调整测试渲染效果

步骤02 从渲染草图可以看出，天光强度不够，背景需要贴图，将环境光强度改为2，按快捷键【8】，在对话框中单击【无】按钮给背景贴图，选择一张背景贴图，如图8-17所示。按快捷键【M】调出【材质编辑器】对话框，将背景贴图拖动复制到一个空白材质球上，在【克隆选项】中选择【实例】，然后选择【屏幕】贴图方式，如图8-18所示。

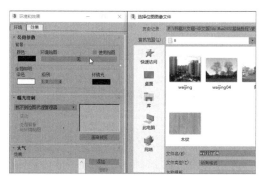 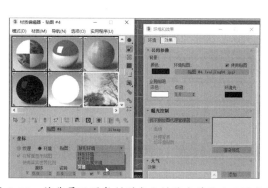

图8-17 为背景贴图　　图8-18 将背景贴图复制到空白材质球并更改贴图方式

步骤 03　再次测试渲染，效果如图 8-19 所示，此时已经模拟出比较理想的效果。

步骤 04　创建太阳光。单击【创建】面板→【灯光】图标→【VRay】列表→【VRay 太阳光】按钮，然后在顶视图中拖曳，由于刚才已经开启了天光，所以在提示【是否选择 VRay 天空环境贴图】时就选择【否】，参数和位置如图 8-20 所示。

图 8-19　测试渲染效果

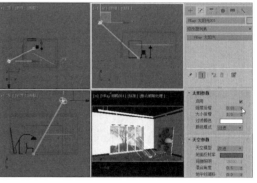

图 8-20　【VRay 太阳光】参数及位置

步骤 05　绘制灯带。在暗藏灯带处创建【VRay 灯光】，参数和位置如图 8-21 所示。然后将其实例复制到其他暗藏灯带处。测试渲染，效果如图 8-22 所示。

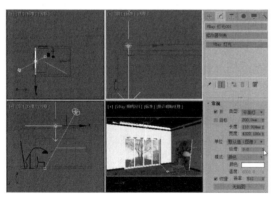

图 8-21　【VRay 灯光】参数及位置

图 8-22　暗藏灯带测试渲染效果

步骤 06　可以看出灯带灯光有点强，另外暗藏灯带的灯具本身可见，可选择【VRay 灯光】对象，单击【修改】面板，将【倍增】改为 1，在【选项】卷展栏里选中【不可见】复选框。再次测试渲染，效果如图 8-23 所示。

步骤 07　绘制筒灯。在顶视图创建一个【VRayIES】对象，进入【修改】面板，单击【IES 文件】后的按钮载入"筒灯 .IES"光域网文件，位置和参数如图 8-24 所示，把【强度值】改为 800。单击主工具栏上 [全部　▼] 下拉按钮，选择【L-灯光】，这样就不会选择其他类型的对象，然后根据筒灯的位置复制 5 个。

步骤 08　测试渲染，效果如图 8-25 所示。现在制作落地灯灯光效果，继续创建一个【VRayIES】对象，移到落地灯处，如图 8-26 所示。单击【IES 文件】后的按钮载入"多光 .IES"光域网文件，将【强度值】改为 8000。

图 8-23　暗藏灯带测试渲染效果

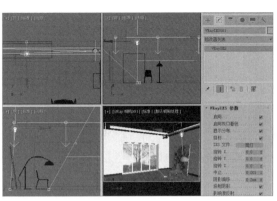

图 8-24　VRayIES 参数及位置

图 8-25　筒灯测试渲染效果

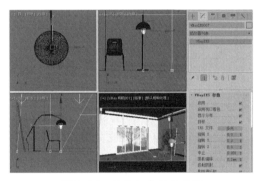

图 8-26　落地灯参数及位置

步骤 09　测试渲染，效果如图 8-27 所示。准备出大图，按【F10】键在弹出的对话框中的【公用】选项卡里将【输出大小】改为 600×360，再选择【GI】选项卡，将参数设置调高，渲染一次，如图 8-28 所示。

图 8-27　落地灯测试渲染效果

图 8-28　准备出大图渲染

步骤 10　单击【发光贴图】和【灯光缓存】卷展栏【模式】后面的【保存】按钮，将刚才的计算结果分别保存起来，如图 8-29 所示。

步骤 11　出大图。按【F10】键在弹出的对话框中将【输出大小】改为 2000×1200，再选择【GI】选项卡，单击【发光贴图】和【灯光缓存】卷展栏中的【模式】列表，将其均改为【从文件】，载入刚才保存的计算结果文件，如图 8-30 所示。

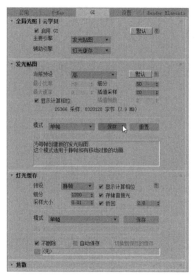

图 8-29　保存高精度渲染计算文件

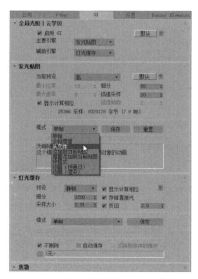

图 8-30　载入高精度渲染计算文件

> **温馨提示**
> 做草图考虑的是时间，所以尺寸小、精度低；做成品考虑的是质量，所以尺寸大、精度高。但若直接渲染会相当耗时，所以在草图和成品之间增加了一个步骤：渲染尺寸小但精度高的图，将渲染计算结果保存起来，渲染大图时载入，这样就免去了漫长的计算过程。但注意，原则上大图的长宽不能大于小图的 4 倍。

步骤 12　渲染大图，效果如图 8-31 所示。

图 8-31　大图渲染参考效果

同步训练——制作异形暗藏灯带效果

前面介绍了直线暗藏灯带的制作方法，但对于异形暗藏灯带则有更方便快捷的方法，甚至也适用于直线暗藏灯带，下面就来介绍一下异形暗藏灯带的绘制方法。制作异形暗藏灯带效果的流程如图 8-32 所示。

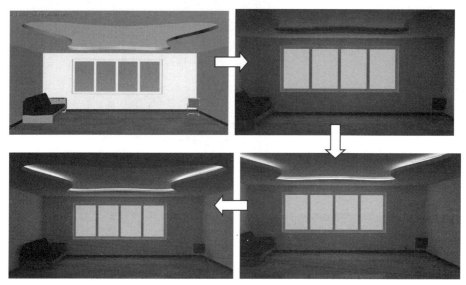

图 8-32　制作异形暗藏灯带效果流程

思路分析

对于异形灯带的处理，在 VRay 中就变得很简单。在 VRay 的渲染思想中，除了灯光，还有其他看不到的灯光，比如环境光、天空贴图等。此处利用发光材质或材质包裹器制作灯光。具体思路是：沿灯槽处创建贝塞尔线→指定【VRay 灯光】材质→ VRay 渲染即可。

关键步骤

步骤 01 打开"贴图及素材\第 8 章\异形灯带 .max"，按快捷键【F10】设置渲染，切换到 VRay 渲染器，切换到【V-Ray】选项卡，展开【环境】卷展栏，选中【GI环境】复选框，将颜色倍增设为"2"。选择【GI】选项卡设置主要和辅助引擎分别为【发光贴图】和【灯光缓存】，将【当前预设】设为【非常低】，如图 8-33 所示。

步骤 02 选择【VRay物理相机】对象，在【修改】面板中选中【剪切】复选框，将近、远剪切平面分别设为 3000、15000，将【光圈数】调为 3，【快门速度】调为 50，如图 8-34 所示。测试渲染，效果如图 8-35 所示。

步骤 03 创建贝塞尔线。在顶视图创建【线】对象，编辑好形状后移动到灯槽以内，如图 8-36 所示。为其调制一个【VRay灯光】材质，参数设置如图 8-37 所示。按 图标将材质指定给线。

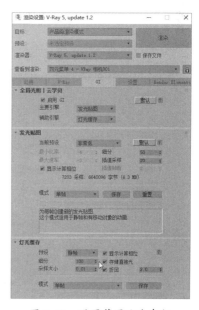

图 8-33　设置草图渲染参数

图 8-34　设置【VRay物理相机】参数　　　　　　图 8-35　测试渲染效果

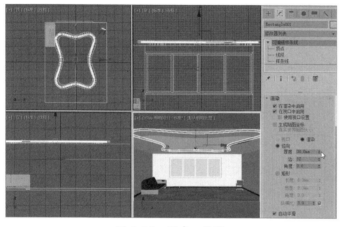

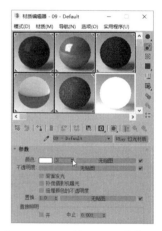

图 8-36　创建二维线　　　　　　　　　图 8-37　调制【VRay灯光】材质

步骤 04　按快捷键【F9】快速渲染，效果如图 8-38 所示。从渲染图看出有些小瑕疵：线条本身能看见，只需选择线条，再右击选择【对象属性】命令，去掉一个选项即可，如图 8-39 所示。

图 8-38　测试渲染效果　　　　　　　　　图 8-39　设置线条属性

步骤 05 准备渲染大图。按快捷键【F10】在弹出的对话框中将【输出大小】改为 800×450，再对【GI】选项卡进行设置，如图 8-40 所示。渲染一次后，效果如图 8-41 所示。

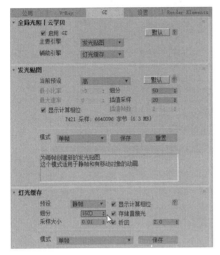

图 8-40 准备出大图设置

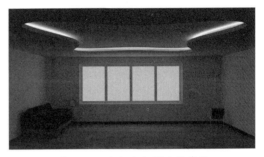

图 8-41 准备出大图渲染效果

步骤 06 单击【发光贴图】和【灯光缓存】模式后的【保存】按钮，将计算结果保存起来，如图 8-42 所示。在【渲染设置】对话框中将【输出大小】改为 2000×1125，再选择【GI】选项卡，在【模式】下拉列表中选择【从文件】将刚才保存的数据载入进来，如图 8-43 所示。

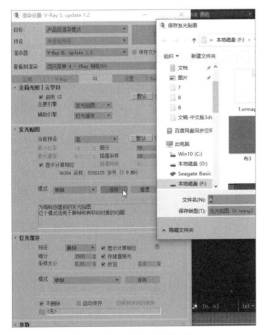

图 8-42 保存渲染数据

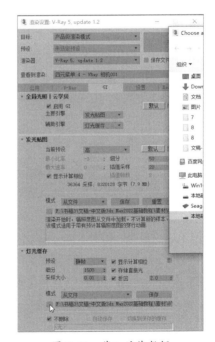

图 8-43 载入渲染数据

步骤 07 按快捷键【F9】渲染大图，效果如图 8-44 所示。

图 8-44 异形暗藏灯带渲染效果

知识能力测试

一、填空题

1. 3ds Max 2022 中有 _____、_____ 和 _____ 3 种标准摄影机。

2. 调出【渲染设置】对话框的快捷键是 _____。

3. 物理相机最核心的参数是光圈、_____、_____。

4. 光域网文件的扩展名是 _____。

二、选择题

1. 在【VRay 太阳光】中，不能控制光线强弱的参数是（　　）。

A. 浊度　　　　　　　　B. 臭氧　　　　　　　　C. 强度倍增　　　　　　D. 大小倍增

2. 以下不属于【VRay 物理相机】类型的是（　　）。

A. 照相机　　　　　　　B. 电影摄影机　　　　　C. 穹顶相机　　　　　　D. DV 摄影机

3. 开启安全框的快捷键是（　　）。

A. F　　　　　　　　　　B. Ctrl+F　　　　　　　C. Alt+F　　　　　　　D. Shift+F

4.【发光图】渲染计算结果文件的格式是（　　）。

A. vrmap　　　　　　　B. vrlmap　　　　　　　C. map　　　　　　　　D. vr

5. 在 VRay 材质中，若要光线透过玻璃，需选择（　　）。

A. 菲涅尔反射　　　　　B. 影响阴影　　　　　　C. 背面反射　　　　　　D. 阿贝数

6. 以下不能够控制【VRay 物理相机】视野的参数是（　　）。

A. 感光度　　　　　　　B. 胶片规格　　　　　　C. 比例因子　　　　　　D. 焦距

三、判断题

1. 在 3ds Max 中绘图时一般将材质、灯光和渲染器结合起来考虑。　　　　　　　　　　　（　　）

2. 在 3ds Max 中目标摄影机和自由摄影机可以互相转换。　　　　　　　　　　　　　　　（　　）

3. 物理摄影机可以像单反相机一样控制光线。 （ ）

4. 焦距越长，视野越小——焦距与视野是成反比的。 （ ）

5. 在 3ds Max 中相机可以通过【剪切平面】参数观察对象内部。 （ ）

6. 在 VRay 渲染中，可以使用材质来模拟灯光。 （ ）

7. 有同样倍增的 VRay 灯光，实际强度不一定相等，因为其强度还与灯光的面积有关。 （ ）

8. 若 VRay 灯光的阴影噪点较多，在渲染的时候可以将其【采样】细分值调高。 （ ）

9. 光圈数越大则光圈越大，即进光量越多。 （ ）

10. 用物理相机时，日景适合用高感光度，夜景则适合用低感光度。 （ ）

四、简答题

1. VRay 灯光有哪几种类型？

2. 简述 VRay 渲染的主要流程。

3ds Max 2022

第9章
材质与贴图

　　材质，也就是材料质感，是指模型终将要呈现出来的外观。简单地说，如果模型是骨骼肌肉，那么材质也就相当于其皮肤，贴图就相当于其衣服。对一个模型赋予一个材质并对材质进行一些调制设定，使之看起来像我们希望的材料感觉，这就是调制材质的工作。

学习目标

- 理解材质与贴图的思想原理
- 熟悉多维/子对象材质的调制方法
- 掌握VRay材质的调制方法
- 掌握【UVW贴图】修改器的使用方法

9.1 材质与贴图简介

材质与贴图是两个不同的概念：材质是指颜色、粗糙度、反射度、折射度、透明度等物理层面的属性；贴图是在表面色、反射、折射、不透明等材质上用位图或程序图等来表现。初学者一定要区分清楚，不可混淆。

9.1.1 材质编辑器与浏览器

按快捷键【M】可打开【材质编辑器】面板，如图9-1所示，对话框中各项功能简介如表9-1所示。

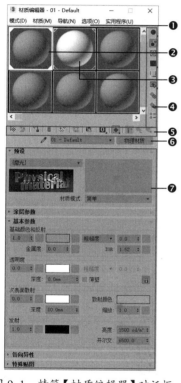

图9-1 精简【材质编辑器】对话框

表9-1 【材质编辑器】对话框中各项功能简介

功能	简介
❶面板菜单	材质编辑器的常用菜单命令
❷材质示例球	选择对象使用的材质（四角为白色三角）
❸材质示例球	场景中被使用的材质（四角为灰色三角）
❹工具列	有采样类型⬤、显示背光⬤、透明背景▨、视频颜色检查▥、选项设置⬤、生成预览▥、按材质选择⬤、材质贴图导航器⬡等工具
❺工具行	有获取材质⬡、赋给材质⬡、重置材质⬜、设置材质ID号❶、在视口中显示材质⬤、显示最终结果▥、到父级或同级⬡等工具
❻材质类型	单击此按钮能切换材质类型
❼活动材质球的属性卷展栏	显示相应材质的属性以供用户修改

 温馨提示

①材质编辑器中有▨按钮的地方都可以贴图，其他参数都属材质范畴。

②材质示例窗有"3×2""5×3""6×4"三种，双击还能浮动显示，拖动边框还可放大显示。

除了传统的精简【材质编辑器】对话框之外，还能在【模式】菜单中将其切换为【Slate材质编辑器】对话框，如图9-2所示。这可以让用户在设计和编辑材质时使用节点和关联以图形方式显示材质的结构。

顾名思义，材质编辑器负责编辑某个特定材质的具体属性，而材质浏览器负责场景内所有材质的查看和管理。单击材质编辑器中工具行中的【获取材质】按钮，或者单击材质类型按钮 物理材质 ，就能打开【材质/贴图浏览器】对话框，如图9-3所示。

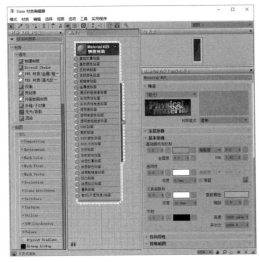

图 9-2 【Slate材质编辑器】对话框

图 9-3 【材质/贴图浏览器】对话框

9.1.2 贴图通道

材质表面的各种纹理效果是按照各种不同材质属性进行的贴图，也可以像图案一样进行简单纹理涂绘。比如，将一个图案以"凹凸"方式贴图，会形成表面起伏不平的效果；以"不透明度"方式贴图，会形成半透明图案；以"反射"方式贴图，就会形成反光效果等。每种材质中都有若干贴图通道，如VRay材质就有二十多种贴图通道，如图9-4所示，每个贴图通道代表对象的某个区域，将会产生不同的贴图效果。下面介绍几个常用贴图通道的特性，如表9-2所示。

表 9-2　VRay材质常用的贴图通道简介

贴图通道	简介
漫反射	即固有色，表现对象本身的材质纹理效果
反射	表现反射部分效果
折射	表现透明和半透明介质的折射效果
不透明度	根据贴图的亮度决定对象的不透明度：黑色完全透明，白色完全不透明，灰色根据亮度值半透明
凹凸	根据贴图的亮度决定对象的凹凸效果：黑色凹陷，白色凸起，灰色根据亮度值产生过渡
自发光	将贴图以自然发光形式贴在物体表面，其颜色会影响发光效果，如白色发光最强，黑色则不会发光
光泽度	贴图中的黑色像素将产生全面的光泽。白色像素将完全消除光泽，中间值会减少高光的大小
置换	与凹凸相似，但变形更大

图 9-4　VRay材质的贴图通道

温馨提示

在VRay材质中，除【凹凸】【置换】【自发光】【清漆层凹凸】外，其余贴图通道的取值范围都是 0 ~ 100。

9.1.3 贴图类别

单击【贴图】按钮，将弹出【材质/贴图浏览器】对话框，就可以看到有很多贴图类型，如图 9-5 所示。贴图可分为位图贴图和程序贴图两大类。位图贴图是将现成的像素图贴在对象上面，其优点是简单方便，缺点是在另外的计算机上打开时容易丢失贴图。程序贴图是 3ds Max 自身通过程序生成的，不会丢失，文件也较小，但相对来说调制时麻烦一点。

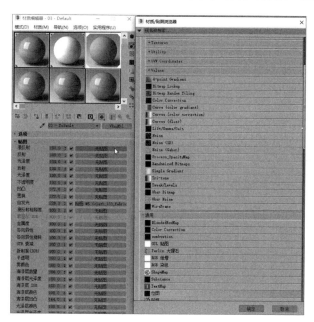

图 9-5 3ds Max 2022 部分贴图列表

9.1.4 贴图坐标

制作精良的贴图要配合正确的坐标才能将其正确显示在对象上，就是说需要告诉 3ds Max 这张图要如何贴上去。贴图坐标用来指定贴图位于对象上的旋转位置、方向、大小和比例。在 3ds Max 中有 3 种设定贴图坐标的方式。

- 内置生成贴图坐标：在创建对象时，每个对象自身属性中都有【生成贴图坐标】选项。
- 【UVW 贴图】修改器：可以自行贴图坐标，还能将贴图坐标修改成动画。
- 特殊模型的贴图轴：如放样、Nurbs 和面片模型，都有自己的一套贴图方案。

注意，【UVW 贴图】修改器首先要选择以什么方式将二维的贴图投影到三维的模型上去，贴图坐标 UVW 近似于建模坐标 XYZ。有时建模经过几次修改，3ds Max 就不能识别这个模型是什么，于是就需要用户为其指定贴图坐标。

9.2 多维/子对象材质

多维/子对象材质是一种非常好的材质，有一个整体观念，可将材质分配给一个对象的多个元素或分配给多个对象，与前面讲的多边形建模完美搭配，能极大地统筹模型与材质。下面以前面绘制的一个包装模型为例，介绍其用法。

步骤 01　打开"案例\第 7 章\包装 .max"，通过分析，这个包装盒效果图需要 4 个贴图：除了最大的 3 个贴图外，还需要一个截面的贴图，即一个 4 合 1 的材质——多维/子材质就是这样的材质。分析其每个面贴图的对应关系，如图 9-6 所示。

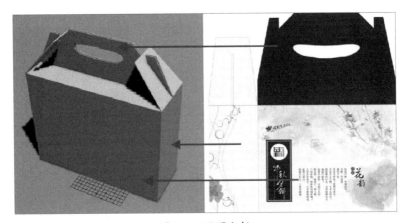

图 9-6　贴图分析

步骤 02　选择模型，右击后选择【转换为：】→【转换为可编辑多边形】命令，按快捷键【4】切换到【多边形】子对象，按快捷键【Ctrl+A】全选多边形，在【多边形：材质 ID】卷展栏里设置材质 ID 为 1，如图 9-7 所示。单击正面，将其材质 ID 设为 2，侧面的材质 ID 设为 3，如图 9-8 所示。

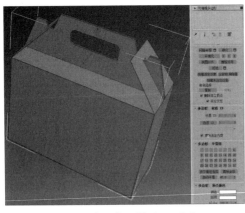

图 9-7　将所有面材质 ID 设为 1

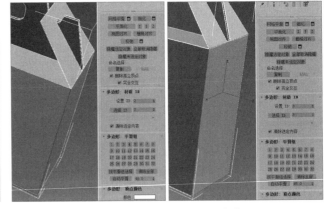

图 9-8　设置正面和侧面的材质 ID

步骤 03　同样将顶面和提手的多边形 ID 设为 4，如图 9-9 所示，再将两耳外侧的多边形 ID 设为 5。为其绘制一个【VRay 地坪】对象作为地面，然后按快捷键【Ctrl+C】将透视图转为摄影机视图，如图 9-10 所示。

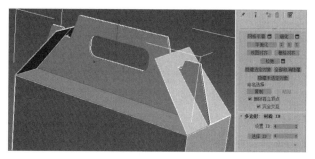
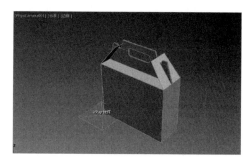

图 9-9　设置顶面和提手 ID 号为 4　　　　　　　　　图 9-10　绘制地面

步骤 04　按快捷键【F10】将渲染器设为"VRay5，update1.2"，按快捷键【M】调出【材质编辑器】面板，选择一个空白材质球，将材质类型切换为【多维/子对象】，单击将材质数量设为 5，如图 9-11 所示。

步骤 05　单击 1 号材质，单击 物理材质 按钮将材质类型改为 VRayMtl，如图 9-12 所示。然后将【漫反射】按钮后的颜色改为白色，如图 9-13 所示。

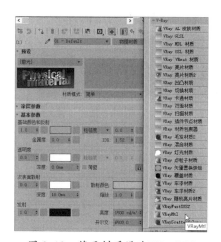
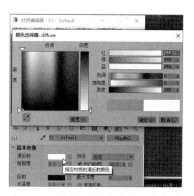

图 9-11　设置材质球个数　　　图 9-12　将子材质设为 VRayMtl　　　图 9-13　设置 1 号材质漫反射颜色

步骤 06　单击【转到父对象】按钮 ，将 1 号子材质拖到 2 号子材质上，在弹出的对话框里选中【复制】单选按钮，如图 9-14 所示。单击 2 号材质球的 01 - Default 按钮，单击【漫反射】后的贴图按钮 ，在弹出的对话框中单击【通用】卷展栏→【位图】贴图，如图 9-15 所示。

步骤 07 打开"贴图及素材/第9章",选择"月饼盒.jpg",如图9-16所示,然后单击【打开】按钮。

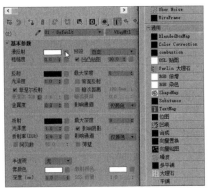
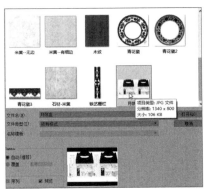

图 9-14　复制子材质　　　　图 9-15　为2号材质贴图　　　　图 9-16　选择位图

步骤 08 显然,正面的贴图不会是整个展开图,需要裁切。单击【位图参数】卷展栏里的 查看图像 按钮,在弹出的对话框中把定界框拖到正面,然后选中【应用】复选框,如图9-17所示。

步骤 09 由于其他材质都是使用的这个贴图,只是裁剪位置不一样,可以直接复制,然后修改裁剪位置即可。单击两次【转到父对象】按钮，将2号材质拖动到3、4、5号材质按钮上,在弹出的对话框中选中【复制】单选按钮,如图9-18所示。

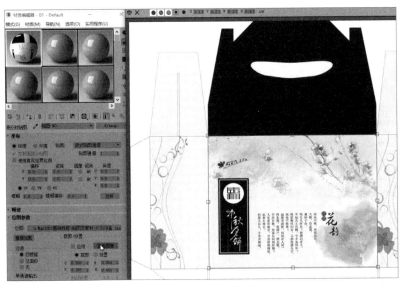

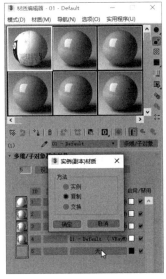

图 9-17　将贴图裁剪　　　　图 9-18　将2号材质
复制到3、4、5号材质上

步骤 10 单击3号材质按钮,再单击【漫反射】后的贴图按钮，然后再在【位图参数】卷展栏里单击【查看图像】按钮,将定界框调整至侧面位置,如图9-19所示。然后用同样的方法处理4号和5号材质。

步骤 11 单击【将材质指定给选定对象】按钮，效果如图9-20所示。

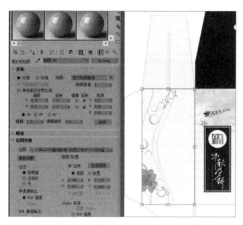
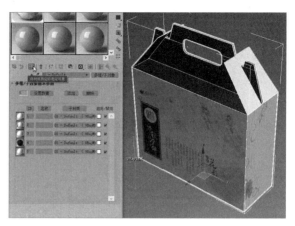

图 9-19　将 3 号材质漫反射贴图裁剪到侧面　　　　图 9-20　将多维/子对象材质指定给模型

步骤 12　为地面调制材质。选择一个新材质球，单击 物理材质 按钮，将材质类型切换为 VRayMtl，将漫反射颜色改为淡蓝色，如图 9-21 所示，然后指定给【VRay 地坪】对象。

步骤 13　按快捷键【F10】，在弹出的对话框中选择【V-Ray】选项卡，在【环境】卷展栏选中【GI 环境】复选框，在【GI】选项卡中设置【主要引擎】为"发光贴图"且将其预设为"非常低"，如图 9-22 所示。

步骤 14　按快捷键【Shift+Q】渲染摄影机视图，效果如图 9-23 所示。

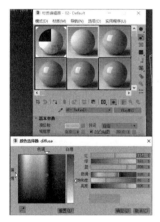

图 9-21　调制地板材质　　　图 9-22　设置渲染参数　　　图 9-23　渲染草图效果

📖 课堂范例——制作镂空贴图效果

步骤 01　按快捷键【F10】，在弹出的对话框中将渲染器设为"VRay5，update1.2"，如前面一样在【环境】卷展栏选中【GI 环境】复选框，在【GI】选项卡中设置主要引擎为"发光贴图"且将其预设为"非常低"。打开"贴图及素材\第 9 章\铁艺墙.max"，按快捷键【8】调出【环境和效果】对话框，单击【环境贴图】按钮，为其贴上"别墅.jpg"的位图，如图 9-24 所示。

步骤 02　从视图中可以看出贴图不对，按快捷键【M】打开【材质编辑器】面板，单击【环境贴图】按钮拖到一个空白材质球上并选择【实例】复制，将贴图方式改为"屏幕"，如图 9-25 所示。

从视口可以看出背景贴图没问题了。

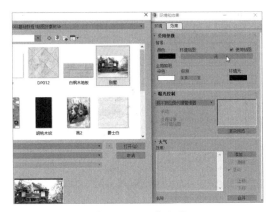

图 9-24　环境贴图

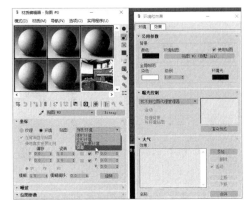

图 9-25　将环境贴图实例克隆到材质球

步骤 03　调制砖墙材质。选择一个空白材质，在【漫反射】贴图通道上贴上【平铺】贴图，将【预设类型】设为"连续砌合"，平铺纹理色改为砖红色，砖缝纹理色改为黑色，如图 9-26 所示。

步骤 04　单击【转到父对象】按钮，展开【贴图】卷展栏，将【漫反射颜色】贴图拖动复制到【凹凸】贴图按钮上，如图 9-27 所示。单击【凹凸】贴图的按钮，只将平铺和砖缝的纹理分别改为白色和黑色即可，如图 9-28 所示。

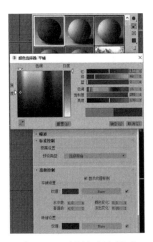

图 9-26　调制砖墙材质

图 9-27　制作凹凸贴图

图 9-28　调整凹凸贴图的参数

步骤 05　测试渲染，效果如图 9-29 所示，可以看出砖的比例不一。

步骤 06　按【Ctrl】键选择 3 个砖墙模型，在【修改】面板添加一个【UVW贴图】修改器，将贴图方式改为"长方体"，将长、宽、高分别改为 100、100、50，再次按快捷键【F9】进行渲染，砖的比例就正常了，如图 9-30 所示。

步骤 07　选择一个空白材质球，调制【漫反射】为黑色，如图 9-31 所示，然后指定给上下两个圆柱。

步骤 08　用不透明贴图法制作栅栏效果。选择一个空白材质球，将【漫反射】按钮后的颜色改为黑色，然后展开【贴图】卷展栏，在【不透明度】贴图通道上贴上"铁艺栅栏.jpg"的位图，然后指定给模型，测试渲染，如图9-32所示。

图9-29 测试渲染效果

图9-30 添加【UVW贴图】修改器及测试渲染效果

图9-31 调制圆柱材质

图9-32 调制不透明贴图并测试渲染

步骤09 从图9-32中可以看出只有一根大栅栏，只需单击 贴图 #5（铁艺栅栏.JPG） 按钮将贴图【坐标】卷展栏里的U向平铺数量加多即可，将地面材质设为绿色，参考参数与测试渲染效果如图9-33所示。

图9-33 不透明贴图渲染效果

技能拓展 虽然前面也讲过铁艺建模，但为了提高工作效率，能用贴图处理的效果就尽量不用建模处理。

9.3 VRay材质

VRay是一款非常优秀的渲染器，受到广大用户的欢迎，在行业中的用户也越来越多，甚至只用3ds Max建模，而用VRay渲染。VRay除了有其单独的模型、相机之外，还有一套渲染特有的材质与灯光，与VRay渲染器完美结合，可渲染出照片级真实的效果图与动画。

要用VRay材质，必须先切换到VRay渲染器，方法是按快捷键【F10】调出【渲染设置】对话框，在【渲染器】下拉列表中选择 V-Ray 5, update 1.2 渲染器即可，如图9-34所示。

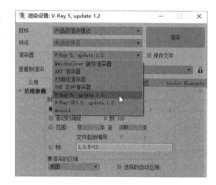

9.3.1 VRayMtl材质

图9-34 切换到VRay渲染器

切换为VRay渲染器后就能使用VRay系列材质，与切换其他材质一样，在【材质编辑器】面板内单击 物理材质 按钮，就能切换到VRayMtl材质，如图9-35所示。

在VRay渲染中使用VRayMtl材质可以得到较好的能源分布、较快的渲染速度，更有方便的反射/折射参数，如图9-36和表9-3所示。

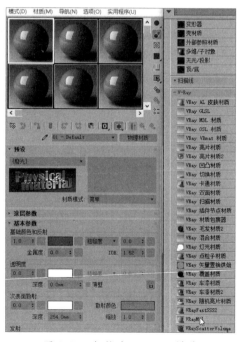

图9-35 切换为VRayMtl材质

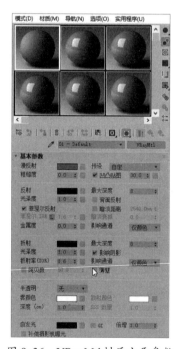

图9-36 VRayMtl材质主要参数

表 9-3　VRayMtl 材质主要参数简介

参数	简介
漫反射	即固有色，与标准材质相同
反射	亮度越高，反射越强
菲涅尔反射	可以做出反射衰减的效果
反射/折射光泽度	可以做出模糊反射（折射）的效果
折射	透明或半透明对象才需要设置，亮度越高，折射效果就越高
折射率	玻璃 1.6，水 1.33，薄纱 1.01，钻石 2.4，水晶 2.0
影响阴影	选中此复选框能使光线透过折射介质

9.3.2　VRay 灯光材质

VRay 灯光材质也就是 VRay 的自发光材质，参数选项如图 9-37 所示，参数简介如表 9-4 所示。

表 9-4　VRay 灯光材质参数简介

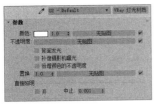

图 9-37　VRay 灯光材质参数

参数	简介
颜色	发光的颜色及倍增
不透明度	贴上图，黑色完全透明，白色完全不透明，灰色半透明
复选框	设置是否背面发光、补偿摄影机曝光等
直接照明	可开启直接照明

9.3.3　VRay 材质包裹器

VRay 材质包裹器能控制对象接受光线和反射光线的大小。这里以一个灯箱为例介绍一下这个材质的使用方法。

步骤 01　创建一个【VRay 地坪】对象，再创建一个【长方体】对象并将其转为可编辑多边形，然后将灯片面的材质 ID 设为 1，按快捷键【Ctrl+I】反选其他多边形，将材质 ID 设为 2，如图 9-38 所示。

步骤 02　按快捷键【F10】将渲染器切换为VRay，设置【GI】选项卡，如图 9-39 所示。

步骤 03　按快捷键【M】调出【材质编辑器】面板，将材质类型切换为【多维/子对象】，设置材质个数为 2，将 1 号设为 VRay 灯光材质，2 号设为 VRayMtl材质，如图 9-40 所示。

图 9-38　创建简单场景

步骤 04 在 1 号材质【颜色】后的按钮上贴上"广告.jpg"位图，如图 9-41 所示。

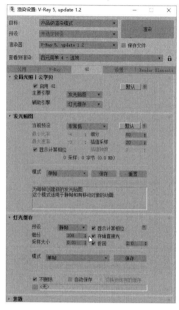

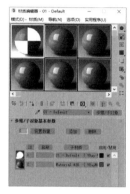

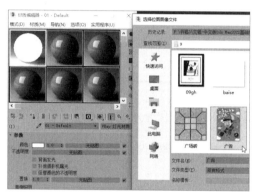

图 9-39 设置 GI 参数 　　　图 9-40 调制多维/子材质 　　　图 9-41 灯光材质贴图

步骤 05 测试渲染，效果如图 9-42 所示，灯箱效果合适，但灯光可再加强。

步骤 06 将【颜色】后的倍增调到 3 再次测试渲染，效果如图 9-43 所示，虽然灯光合适了但灯箱效果不好，画面多处曝光过度。

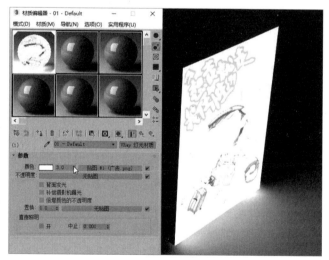

图 9-42 灯光材质倍增为 1 的效果 　　　　图 9-43 设置灯光材质倍增为 3

步骤 07 重新将灯光材质倍增调回 1，单击 VRay 灯光材质 按钮，将材质类型切换为 VRay 材质包裹器，在弹出的对话框中选择 ● 将旧材质保存为子材质? ，将【生成 GI】设为 3，渲染效果如图 9-44 所示，在灯箱效果和灯光两方面都达到了要求。

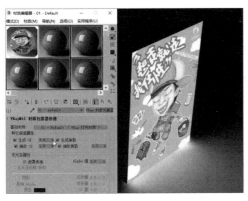

图 9-44 灯箱材质包裹器渲染效果

技能
拓展

要在 VRay 渲染中制作【无光/阴影】效果，只需在【VRay 材质包裹器】参数中选中【遮罩表面】和【阴影】两个复选框即可。

课堂问答

问题 1：如何不渲染就能预览贴图效果？

答：3ds Max 的高版本为了让用户减少测试渲染，都大大加强了视口显示功能，其中的【高质量】显示模式（快捷键【Shift+F3】）就能显示出与渲染图很接近的效果，只需要在贴图后单击【视口中显示明暗处理材质】按钮 即可。若要更好地显示，还可以单击按钮下的小三角切换到【视口中显示真实材质】按钮 。

问题 2：如何打开打包文件的贴图路径？

答：为了顺利地在第三方计算机上打开 3ds Max 文件，需要归档文件（俗称"打包"）。但是把归档文件解压后直接打开 .max 文件仍然显示不了贴图文件。这时的处理方法是单击【实用程序】面板 →【更多...】按钮→【位图/光度学路径】程序，如图 9-45 所示。再单击【编辑资源】按钮，在弹出的对话框中单击【选择丢失的文件】→【去除所有路径】→【复制文件】按钮，如图 9-46 所示。随便选择其中一张贴图，单击【使用路径】按钮，就会成功地打通贴图路径。

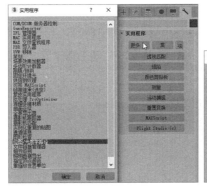

图 9-45 找到位图/光度学路径实用程序

图 9-46 打通贴图路径

上机实战——瓷器贴图

通过本章的学习，为让读者巩固本章知识点，下面讲解一个技能综合案例，使大家对本章的知识点有更深入的了解。

瓷器贴图的效果如图 9-47 所示。

效果展示

图 9-47 瓷器贴图效果

思路分析

此案例主要材质是陶瓷，重点需表现上釉的质感和青花的贴图。釉质只需调高反射及选中【菲涅尔反射】复选框即可；贴图需用【UVW 贴图】修改器调整投影方式、对齐轴向、平铺等参数。当然，好的材质离不开好的灯光和渲染，这里只用一盏 VRay 灯光，再把渲染精度提高。

制作步骤

步骤 01 打开"案例\第 5 章\杯碟.max"，创建一个【VRay 地坪】对象与碟子对齐，选择一个空白的材质球编辑瓷器材质，切换为 VRay 渲染器，然后将默认材质改为 VRayMtl 材质，将"青花瓷 2.jpg"贴图指定给碟子，设置如图 9-48 所示。

步骤 02 虽然【视口中显示明暗处理材质】按钮默认开启，但还是显示不出来，这就是因为贴图坐标问题，选择碟子模型，添加一个【UVW 贴图】修改器，选择【柱形】贴图，选中【封口】复选框，对齐 X 轴，如图 9-49 所示。

图 9-48 调制碟子材质

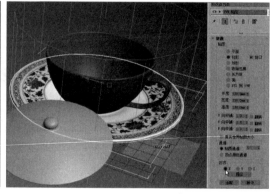

图 9-49 修改碟子贴图坐标

步骤 03　拖动碟子材质球到第二个空白材质球复制材质，然后更改材质名称，如图 9-50 所示。
将【漫反射】贴图更改为"青花瓷.jpg"，如图 9-51 所示。

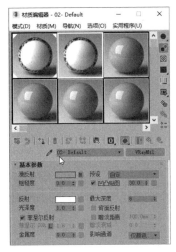

图 9-50　复制碟子材质

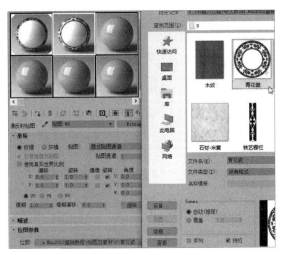

图 9-51　编辑贴图名称

温馨
提示
　场景中的材质球不能同名。

步骤 04　选择盖子模型，添加一个【UVW 贴图】修改器，选择【平面】贴图，对齐 Y 轴，再
单击【适配】按钮，如图 9-52 所示。

步骤 05　选择杯子模型，进入【可编辑多边形】子对象，通过矩形、圆形选框配合加减选择
如图 9-53 所示的区域，然后将材质 ID 设为 2，再按快捷键【Ctrl+I】反选，将材质 ID 设为 1。

图 9-52　调整盖子贴图坐标

图 9-53　选择杯子区域

步骤 06　选择一个空白材质球，切换为【多维/子对象】材质，将材质数设为 2，然后将碟子
材质球拖动复制到 1 号、2 号材质球上，如图 9-54 所示。

步骤 07 单击 1 号材质，将空白贴图按钮拖动到【漫反射】贴图按钮上，将【反射】调为白色，将【光泽度】调为 0.9 左右，如图 9-55 所示。单击【转到下一个同级项】按钮，将 2 号材质【漫反射贴图】替换为"青花瓷 3.jpg"，如图 9-56 所示。

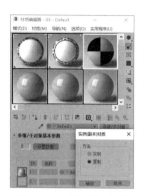

图 9-54 复制材质到
子材质

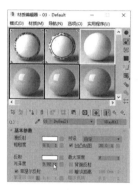

图 9-55 去掉 1 号
材质贴图

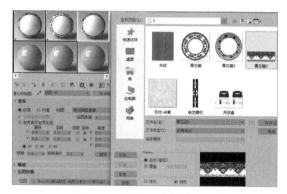

图 9-56 替换 2 号材质贴图

步骤 08 将【多维/子对象】材质指定给杯子，添加一个【UVW 贴图】修改器，选择【柱形】贴图，对齐 X 轴，设置平铺参考参数如图 9-57 所示，再单击【适配】按钮，按快捷键【1】进入【Gizmo】子对象，锁定 Z 轴进行微调。

步骤 09 选择【VRay 地坪】，选择一个空白材质球，切换为 VRayMtl 材质，将【漫反射】颜色改为淡蓝色，指定给【VRay 地坪】对象。然后按快捷键【F10】，在【GI】选项卡下设置参数，如图 9-58 所示。

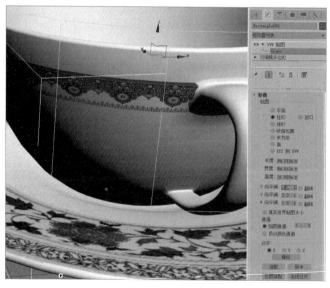

图 9-57 杯子贴图坐标修改

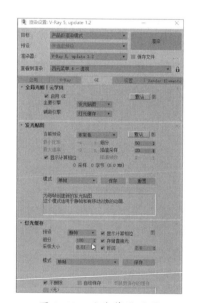

图 9-58 渲染草图设置

步骤 10 在透视图中按快捷键【Ctrl+C】将其变为摄影机视图，然后创建一个【VRay 灯光】对象，将【倍增】改为 3，选中【不可见】复选框，如图 9-59 所示。

图 9-59　布置 V-Ray 灯光

步骤 11　渲染草图，效果如图 9-60 所示。按快捷键【F10】，在弹出的对话框中选择【GI】选项卡，将渲染参数调高，如图 9-61 所示。

图 9-60　草图渲染效果

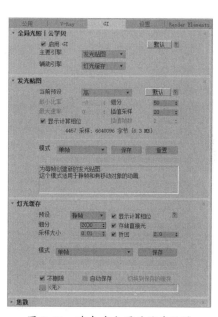

图 9-61　准备出大图的渲染设置

步骤 12　小样图渲染完毕后，将【发光贴图】和【灯光缓存】的计算结果分别保存起来，如图 9-62 所示。

步骤 13　准备出大图。再次按快捷键【F10】，在弹出的对话框中选择【公用】选项卡，将渲染尺寸调大（这里为 2400×1350 像素）；然后在【GI】选项卡中将【发光贴图】和【灯光缓存】的计算模式都改为"从文件"，如图 9-63 所示，分别载入刚才保存的两个文件。

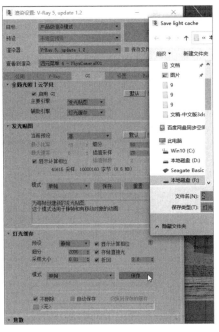

| 图 9-62 保存计算结果 | 图 9-63 载入计算结果 |

步骤 14 再次渲染，效果如图 9-64 所示。

图 9-64 瓷器大图渲染效果

🌐 同步训练——调制台灯材质

通过上机实战案例的学习，为了增强读者的动手能力，下面安排一个同步训练案例，以让读者达到举一反三、触类旁通的学习效果。调制台灯材质的流程如图 9-65 所示。

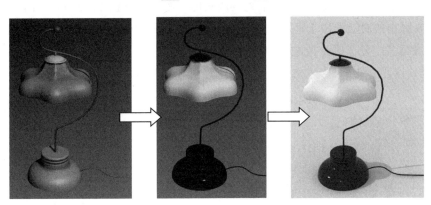

图 9-65　调制台灯材质流程图

思路分析

此台灯有抛光金属、磨砂玻璃、塑料三种材质，通过 VRayMtl 材质和 VRay 灯光很容易表现出来。

关键步骤

步骤 01　打开"案例\第 5 章\台灯 .max"，按快捷键【F10】设置渲染器为【V-Ray5，update1.2】，首先调制金属材质，按快捷键【M】打开【材质编辑器】面板，选择一个示例球，切换材质类型为【VRayMtl】，将【漫反射】按钮后的颜色调为黑色，将【反射】按钮后的颜色调为白色，将反射的【光泽度】调为 0.9 左右，然后指定给灯座与支架，如图 9-66 所示。

步骤 02　调制磨砂玻璃材质。选择一个示例球，切换材质类型为【VRayMtl】，将【漫反射】和【折射】按钮后的颜色分别调为白色和灰色，将折射的【光泽度】调为 0.75 左右，然后指定给灯罩，如图 9-67 所示。为电线调制一个深灰色材质。

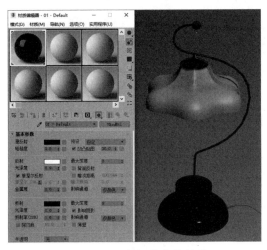

图 9-66　调制抛光金属材质

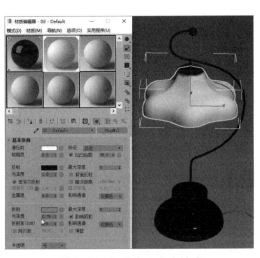

图 9-67　调制磨砂玻璃材质

步骤 03 再创建一个【VRay地坪】对象与台灯底部对齐，选择一个空白材质球切换为【VRayMtl】，将【漫反射】按钮后的颜色设置为浅灰色，然后单击【VRayMtl】按钮，选择"VRay材质包裹器"，在弹出的对话框中选择 ⊙ 将旧材质保存为子材质?，选中如图9-68所示的【遮罩表面】【无光泽反射/折射】【阴影】三个复选框，指定给【VRay地坪】对象。再按快捷键【8】把背景设为浅灰色。

步骤 04 设置渲染草图。按快捷键【F10】调出【渲染设置】对话框，设置如图9-69所示。

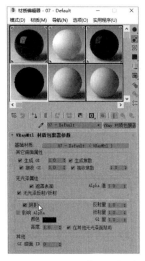 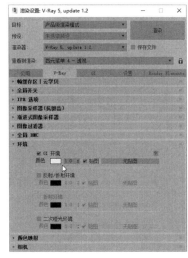 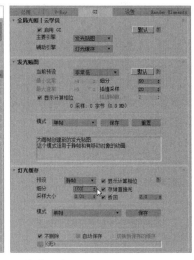

图 9-68 调制无光/阴影材质   图 9-69 设置渲染草图参数

步骤 05 测试渲染，效果如图9-70所示，可以看出效果稍显平淡，那是此场景除了一个环境光没有其他灯光的缘故。环境光是漫射光，在材质上体现不出高光，还需要一个直射灯。

步骤 06 单击【创建】面板→【灯光】图标→【标准】列表→【目标聚光灯】按钮，在前视图拖动创建一个目标聚光灯，选中阴影下的【启用】复选框，选择【VRay阴影】，设置【倍增】为0.4，其他参数如图9-71所示。

 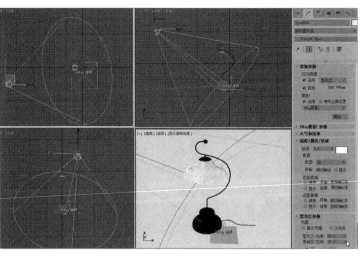

图 9-70 草图渲染效果   图 9-71 布置灯光

步骤 07　再次测试渲染，虽然只是质量很低的草图，但效果基本到位，如图 9-72 所示。

图 9-72　再次测试渲染效果

知识能力测试

一、填空题

1. 调出【材质编辑器】面板的快捷键是＿＿＿＿＿＿＿＿＿＿。

2. 做镂空效果可以在＿＿＿＿＿＿＿＿贴图通道贴上黑白图表现。

3. 做灯片一般用＿＿＿＿＿＿＿＿＿材质。

4. 在 VRayMtl 材质中，要让光线穿透透明或半透明材质需选中＿＿＿＿＿＿＿复选框。

5. 在 VRayMtl 材质中，要制作反射衰减效果需选中＿＿＿＿＿＿＿复选框。

二、选择题

1. VRay 渲染器是由哪个公司出品的？（　　　）

A. Autodesk　　　　　　B. Adobe　　　　　　C. Corel　　　　　　D. Chaosgroup

2. 与 3ds Max 2022 匹配的 VRay 渲染器版本是（　　　）。

A. 5　　　　　　　　B. 5，update1.1　　　　C. 5，update1.2　　　　D. 5，update1.3

3. 如果给一个几何体添加了一个【UVW 贴图】修改器，并将 U 向平铺设置为 2，同时将该几何体材质的【坐标】卷展栏中 U 向平铺设置为 3，那么贴图实际重复了（　　　）次。

A. 2　　　　　　　　B. 3　　　　　　　　C. 5　　　　　　　　D. 6

4. 在 3ds Max 材质示例窗中最多能显示（　　　）个材质示例。

A. 24　　　　　　　　B. 15　　　　　　　　C. 12　　　　　　　　D. 6

5. 水的折射率是（　　　）。

A. 1　　　　　　　　B. 1.33　　　　　　　C. 1.6　　　　　　　D. 2.4

6. 在 VRay 渲染中，开启天光是选中（　　　）复选框。

A. 二次哑光环境　　　　B. 折射环境　　　　　　C. 反射/折射环境　　　　D. GI 环境

7. 将透视图匹配到摄影机视图的快捷键是（　　　）。

A. C　　　　　　　　　B. Ctrl+C　　　　　　　C. Shift+C　　　　　　　D. Alt+C

8. 在使用【位图】贴图时，【坐标】卷展栏中的哪个参数可以控制贴图的位置？（　　　）

A. 偏移　　　　　　　　B. 瓷砖　　　　　　　　C. 镜像　　　　　　　　D. 平铺

9. 启用【高质量显示】模式的快捷键是（　　　）。

A. Shift+F1　　　　　　B. Shift+F2　　　　　　C. Shift+F3　　　　　　D. Shift+F4

10. 以下贴图取值范围能超过 100 的是（　　　）。

A. 漫反射　　　　　　　B. 反射　　　　　　　　C. 折射　　　　　　　　D. 凹凸

三、判断题

1. 一个场景中最多只能有 24 个材质。 （　　　）

2. 可以将材质保存到材质库里，下次就能打开材质库直接使用。 （　　　）

3. 在 VRayMtl 材质中，调制透明或半透明材质需调【反射】参数。 （　　　）

4. 在 VRayMtl 材质中，【反射】参数亮度越高，反射越强。 （　　　）

5.【多维/子对象】材质需与【编辑多边形】里的【指定材质 ID 号】命令配合。 （　　　）

6. 可以使用【位图参数】卷展栏中的【裁切/放置】区域的参数选取位图的某个区域进行贴图。

（　　　）

7. 设置材质 ID 号时最好先设置面数多或不好选的面。 （　　　）

四、简答题

1. 材质和贴图有什么区别？

2. 位图贴图和程序贴图各有何优缺点？

3ds Max 2022

第10章
制作基本动画

前面主要介绍了静帧效果图的绘制全流程，本章将正式全面地介绍动画控制、轨迹视图等内容。

学习目标

- 理解关键帧的原理
- 熟悉轨迹视图的使用
- 掌握基本运动控制器的用法
- 掌握动画约束的基本使用方法
- 熟悉运动轨迹的控制技巧

10.1 动画概述

动画比静帧图更有感染力，在影视、广告、游戏动漫、栏目包装、建筑表现等方面有广泛的应用。

10.1.1 动画原理

动画效果的实现是基于视觉原理，当看一个物体或一幅画面后，在 1/24 秒之内视觉会暂留，不会消失。比如，在一个漆黑的夜晚点燃烟花，快速旋转手中的烟花，我们看到的是一个连续的光圈而不是一个个光点，如图 10-1 所示。利用这一原理，在一幅画还没有消失前播放下一幅画，就会给人造成一种流畅的视觉变化效果，如图 10-2 所示。

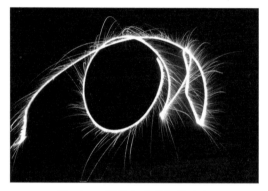

图 10-1　燃放烟花的视觉残留

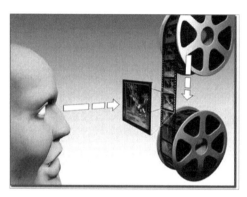

图 10-2　动画原理

10.1.2 时间配置

图 10-3 【时间配置】对话框

经过医学证明，人眼的视觉残留时间大约是 1/24 秒，大于 1/24 秒则感觉画面更细腻。比如，有些大制作电影就用 1/48 秒的帧速率；低于 1/24 秒则感觉动作不连贯。有些 Flash 动画片就是用的 1/12 秒甚至 1/8 秒的帧速率。

帧速率即每秒钟播放的画面数量，单位是"帧/秒"，即"FPS"。帧数=时间×帧速率。在动画控制区右击就会弹出【时间配置】对话框，如图 10-3 所示，主要功能如表 10-1 所示。

表 10-1　【时间配置】对话框功能简介

功能	简介
帧速率	电影：一般为 24FPS
	NTSC：N 制，美国、日本等地的电视信号制式，30FPS
	PAL：帕制，中国、欧洲等国家和地区电视信号制式，25FPS
	自定义：用户自己设置帧速率
播放	播放速率
动画	动画时长，默认是 N 制 100 帧，即 3 秒 3
关键点步幅	控制关键帧之间的移动

10.2　基本动画

下面介绍 3ds Max 中基本的几种动画制作原理和方法。

10.2.1　关键帧动画

在 3ds Max 中，仍然继承了传统的关键帧技术。在创建动画时只需要创建起始、结束和关键帧，对于其他的过程，系统会自动计算插入，创建完成后用户还可以对关键帧进行编辑修改。下面通过做一个球跳动的简单动画来介绍关键帧动画的基本操作。

步骤 01　在视图中创建一个【球体】对象，然后右击动画控制区，在【时间配置】对话框里将动画长度设为 50，如图 10-4 所示。

步骤 02　按快捷键【N】自动记录关键帧，将时间滑块拖到第 25 帧，再将球体沿 Z 轴向上移动一定距离，如图 10-5 所示。

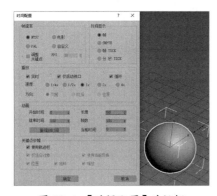

图 10-4　【时间配置】对话框

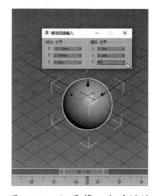

图 10-5　记录第一个关键帧

步骤 03　将时间滑块拖到第 50 帧，在【选择并移动】按钮上右击，在弹出的对话框中将球体的Z轴的绝对世界坐标改为0，如图10-6所示。

步骤04 按快捷键【N】结束自动记录关键帧，单击动画控制区的【播放】按钮▶，如图10-7所示，就会看到小球跳动的动画。

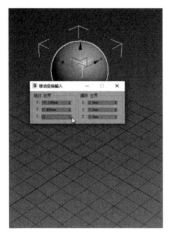

图 10-6 记录第二个关键帧

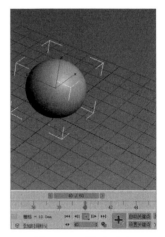

图 10-7 播放动画

10.2.2 轨迹视图

轨迹视图是三维动画创作的重要工具，在其中不仅可以对关键帧操作的结果进行调整，还可以直接创建对象的动作，对动作的发生时间、持续时间和运动状态都可以轻松地进行调节。使用轨迹视图可以非常精确地控制场景的每个方面。

1. 打开轨迹视图

方法一：在菜单栏中选择【图形编辑器】→【轨迹视图 - 曲线编辑器】命令，即可打开【轨迹视图 - 曲线编辑器】窗口，如图10-8所示。

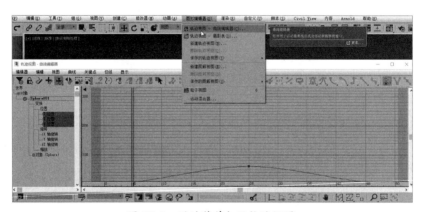

图 10-8 通过菜单打开轨迹视图

方法二：单击视图左下角（轨迹栏左端）的【迷你曲线编辑器】按钮 ，也能打开轨迹视图，如图10-9所示。

图 10-9 通过按钮打开轨迹视图

方法三：用鼠标右击对象选择【曲线编辑器...】命令。

方法四：单击主要工具栏上的【曲线编辑器】按钮■。

轨迹视图除了上面的【曲线编辑器】模式之外，还有另外一种【摄影表】模式，如图 10-10 所示。【曲线编辑器】模式可通过编辑关键点的切线控制中间帧；【摄影表】模式将动画显示为方框栅格上的关键点和范围，并允许用户调整运动的时间控制。

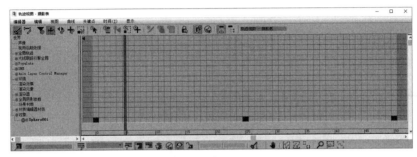

图 10-10 【摄影表】模式轨迹视图

2. 轨迹视图的组成与编辑

轨迹视图主要由菜单栏、工具栏、层级列表、编辑窗口等功能模块组成，如图 10-11 所示。下面将对各模块进行简介，如表 10-2 所示。

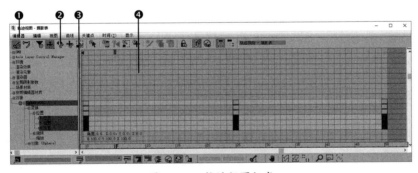

图 10-11 轨迹视图组成

表 10-2 轨迹视图简介

名称	简介
❶菜单栏	在菜单栏中整合轨迹视图的大部分功能
❷工具栏	包括控制项目、轨迹和功能曲线等工具
❸层级列表	在层级列表中可包括声音、视频后处理、全局轨迹、环境、渲染效果、渲染器、场景材质、对象等十余项，可通过轨迹视图对它们进行动画控制
❹编辑窗口	编辑窗口用来显示轨迹和功能曲线表示的时间和参数值变化

接着小球跳动的例子进行讲解，虽然小球跳动的动画已经制作成功，但总感觉不够真实，这里就可以用轨迹曲线来调整一下。

步骤 01 为其赋上材质，绘制一个【VRay地坪】对象作为地面，然后打开【轨迹视图】窗口。由于设定了关键帧，动画范围曲线就自动产生了。相应地，若在【轨迹视图】中对范围曲线进行操作，也会作用到场景的动画中去。3个方点代表3个关键帧，白色表示选中的关键帧，右击第一个关键帧，就会弹出轨迹信息对话框，如图 10-12 所示。

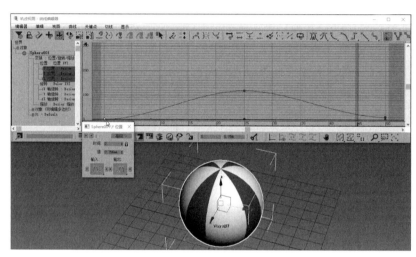

> **温馨提示**
>
> 在 3ds Max 中，红绿蓝对应着XYZ，在轨迹视图中也是如此，此例中小球只在Z轴运动，故只有蓝色曲线有起伏，而红绿曲线保持水平。

图 10-12 【轨迹视图】窗口

步骤 02 单击【Z位置】选择第0帧，将【输出】切线下面的选项改为【快速】；然后单击一次后面的按钮切换到第25帧，将【输入】和【输出】切线都改为【慢速】；单击一次后面的按钮至第3个关键帧（第50帧），把【输入】切线改为【快速】，如图 10-13 所示。

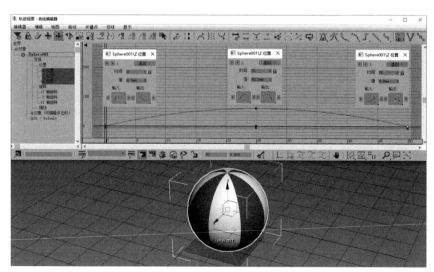

图 10-13 设置3个关键帧的输入输出曲线类型

步骤 03 播放动画，观看效果，发现小球下落和反弹的效果比较符合真实对象运动的情况了。

3. 参数曲线超出范围类型

可以使用多种方法不断重复一连串的关键点的运动，而无须制作它们的副本并沿时间线放置。通过【参数曲线超出范围类型】对话框，可以选择在当前关键点范围之外重复动画的方式。其优点是，当对一组关键点进行更改时，所做的更改会反映到整个动画中。

还是继续以小球跳动的动画为例，详细步骤如下。

步骤 01　延长动画长度。右击选动画控制区，将【时间配置】对话框中的【结束时间】改为 200。

步骤 02　在【层次列表】中单击【Z 位置】激活【参数曲线超出范围类型】按钮，再单击之后弹出相应对话框，参数曲线有 6 种类型，如图 10-14 所示，其中各功能介绍如表 10-3 所示。

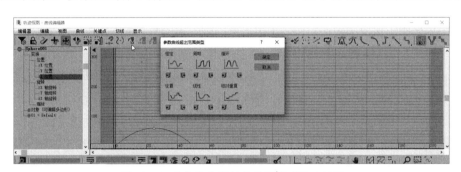

图 10-14　【参数曲线超出范围类型】对话框

表 10-3　【参数曲线超出范围类型】对话框简介

名称	简介
恒定	在已确定的动画范围的两端保持恒定值，不产生动画效果
周期	使轨迹中某一范围的关键帧依原样不断重复下去
循环	类似于周期，但在衔接动画的最后一帧和下一个动画的第一帧之间改变数值以产生流畅的动画
往复	在选定范围内重复从前往后再从后往前的运动
线性	在已确定的动画两端插入线性的动画曲线，使动画在进入和离开设定的区段时保持平衡
相对重复	每次重复播放的动画都在前一次的末帧基础上进行，产生新的动画

步骤 03　选择【周期】模式，单击【确定】按钮，这时可以看到轨迹视图中的功能曲线改变了，如图 10-15 所示。

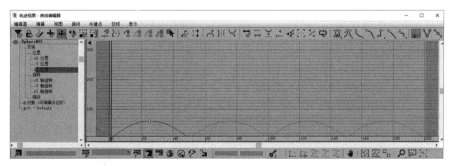

图 10-15　轨迹视图中的功能曲线改变

步骤04 回到视口，在视图中播放动画，可发现小球的下落和反弹动作能连续循环进行。

10.2.3 动画控制器

动画控制器实际上就是控制对象运动规律的器件，它决定动画参数如何在每一帧动画中形成规律，决定一个动画参数在每一帧的值。

1. 使用动画控制器

在 3ds Max 中可在轨迹视图和【运动】面板中使用动画控制器，不同的是在轨迹视图中可以看到所有动画控制器，而在【运动】面板中只能看到部分动画控制器，下面将分别进行介绍。

（1）在轨迹视图中使用动画控制器。单击主要工具栏中的【曲线编辑器】按钮，打开【轨迹视图】窗口，单击其中的【过滤器】按钮，弹出【过滤器】对话框，如图 10-16 所示。选中【显示】参数设置区中的【控制器类型】复选框，然后单击【确定】按钮，在轨迹视图中支持动画控制器的项目名称的右侧将显示动画控制器类型，如图 10-17 所示。

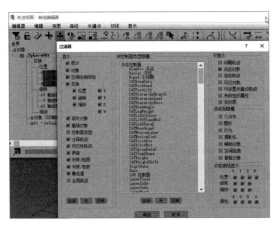

图 10-16 曲线编辑器的【过滤器】对话框

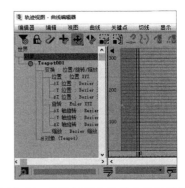

图 10-17 轨迹视图中的动画控制器类型

右击后选择【指定控制器】命令，弹出【指定位置控制器】对话框，如图 10-18 所示。选择【噪波位置】控制器，然后单击【确定】按钮，如图 10-19 所示为指定噪波浮点控制器后的功能曲线。

图 10-18 【指定浮点控制器】对话框

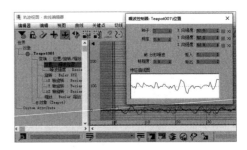

图 10-19 指定噪波浮点控制器后的功能曲线

（2）在【运动】面板中使用动画控制器。在视图中选择对象后，进入【运动】面板，展开【指定控制器】卷展栏，在其中选择指定控制器的类型后，单击【指定控制器】下的按钮，即可打开一个【指定位置控制器】对话框,如图 10-20 所示。在其中,用户可以指定不同的控制器。

温馨提示

①在控制器列表中,左边有">"标记的,说明这是当前使用的控制器,或是默认设置。

②根据轨迹对象类型的不同,弹出的控制器对话框的内容也会随之不同。比如,点选【变换】和点选【位置】弹出对话框里的控制器就会不一样。

图 10-20 在运动面板指定控制器

2. 常用动画控制器

动画控制器可以用来约束或控制对象在场景中的运动轨迹规律,指定对象的位置、旋转、缩放等控制选项。下面将详细介绍几种常用的动画控制器。

(1)路径约束控制器。路径约束控制器可为一个静态的对象赋予轨迹,还可以使一个运动的对象抛开原来的运动轨迹,并按照指定的新轨迹进行运动。其中路径可以是任意类型的样条线,也可以是一条或多条样条线。【路径参数】卷展栏如图 10-21 所示,参数如表 10-4 所示。

表 10-4 【路径参数】卷展栏介绍

参数	简介
添加路径	在视图中拾取一个新的样条线路径使之对约束对象产生影响
删除路径	可从目标列表中移除一个路径,然后它将不再对约束对象产生影响
权重	用来设置路径对对象在运动过程的影响力
% 沿路径	用来设置对象沿路径的位置百分比
跟随	使对象运动的局部坐标与路径的切线方向对齐。【倾斜量】用来设置对象沿路径轴向倾斜的角度。【平滑度】用来控制对象在经过路径中的转弯时翻转角度改变的快慢程度
允许翻转	对象在沿着垂直方向的路径行进时有翻转的情况
恒定速度	选中此复选框后对象以平均速度在路径上运动。取消选中此复选框后,对象沿路径的速度变化依赖于路径上顶点之间的距离
循环	当约束对象到达路径末端时,它不会越过末端点,而会循环回起始点
相对	选中此复选框后会保持约束对象的原始位置
轴	用来设置对象的局部坐标轴

图 10-21 路径约束控制器

(2)位置约束控制器。位置约束控制器能够使被约束的对象跟随一个对象的位置或几个对象的平均权重位置的改变而改变。当使用多个目标时,每个目标都有一个权重值,该值定义它相对于其他目标影响受约束对象的程度。【位置约束】卷展栏如图 10-22 所示，其参数如表 10-5 所示。

表 10-5　位置约束控制器参数介绍

图 10-22　位置约束控制器

参数	简介
添加位置目标	可在视图中拾取影响受约束对象位置的新目标对象
删除位置目标	可以删除列表中的目标对象。然后它将不再影响受约束的对象
权重	用来设置路径对对象运动过程的影响力
保持初始偏移	选中此复选框后可保持受约束对象与目标对象之间的原始距离，可避免将受约束对象捕捉到目标对象的轴

（3）噪波控制器。噪波控制器的作用是使指定对象进行一种随机的不规则运动，它适用于随机运动的对象，其参数面板如图 10-23 所示，参数如表 10-6 所示。

表 10-6　噪波控制器参数介绍

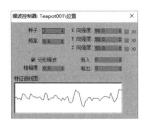

图 10-23　噪波控制器

参数	简介
种子	改变种子可创建一个新的曲线
频率	用来控制噪波曲线的波峰和波谷，取值范围为 0.01～1.0，高的值会创建锯齿状的重震荡的噪波曲线，而低的值会创建柔和的噪波曲线
强度	用来设置噪波的输出强度
分形噪波	选中此复选框可使用分形布朗运动生成噪波
渐入	用来设置噪波用于构建为全部强度的时间量
渐出	用来设置噪波减弱到 0 强度所用的时间量
粗糙度	用来设置分形噪波波形的粗糙程度
特征曲线图	用来显示不同参数产生的噪波线性效果图

（4）音频控制器。音频控制器可以通过导入一段音频，以音频的高低来控制对象的运动，其参数面板如图 10-24 所示，参数如表 10-7 所示。

表 10-7　音频控制器参数介绍

图 10-24　音频控制器

参数	简介
音频文件	可以添加和删除音频文件
采样	该组含有滤除背景噪波、平滑波形及在轨迹视图中控制显示的控件。【阈值】范围从 0.0 到 1.0。【阈值】为 0.0 不影响幅度输出值。【阈值】为 1.0 将所有幅度输出值设置为 0.0。可以使用低阈值从控制器中滤除背景噪波。【重复采样】对多个采样值进行平均以消除波峰和波谷。在【重复采样】字段中输入数字可计算平均值
实时控制	使用该组以创建交互式动画，这些动画由捕获自外部音频源（如麦克风）的声音驱动。这些选项只用于交互演示。不能保存实时声音或由控制器生成的动画
通道	通过该组可以选择驱动控制器输出值的通道。只有选择立体声音文件时，这些选项才可用

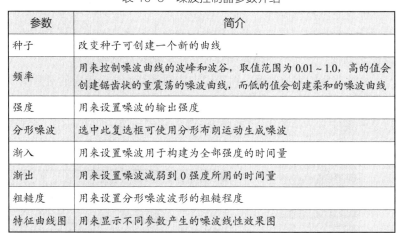

10.2.4 运动轨迹

在制作动画的时候，对象运动的轨迹是相当重要的。如果需要对对象运动的轨迹进行编辑，可以通过编辑【运动】面板中的轨迹曲线来实现。编辑轨迹曲线上的关键点，可以把轨迹转换成样条曲线，或者将样条曲线转换成轨迹。

下面举一个简单的例子介绍一下对象运动轨迹的控制方法。

步骤 01 在场景中创建一个【球体】对象。按快捷键【N】自动记录关键帧，拖动时间滑块，在第 20、40、60、80、100 帧时，在前视图中移动位置，然后按快捷键【N】关闭自动记录关键帧。

步骤 02 选择球体，进入【运动】面板，单击【运动路径】按钮，在视图中出现一条红色的曲线，这就是小球的运动轨迹，6 个白点即 6 个关键点，如图 10-25 所示。

步骤 03 可以对轨迹上的关键点进行添加、修改和删除等操作。单击【子对象】按钮，选择【关键点】层级，单击【添加关键点】按钮，在第 80 帧和第 100 帧之间添加一个关键点，如图 10-26 所示。

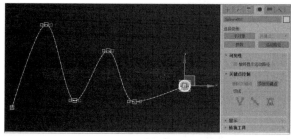

图 10-25 小球的运动轨迹

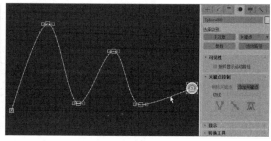

图 10-26 添加关键点

步骤 04 在视图轨迹曲线上，用【选择并移动】按钮➕编辑关键帧位置，调整出需要的图形，如图 10-27 所示。播放动画，小球沿着设定的轨迹跳动，但有时运动不均匀，这是关键帧分布不均匀的原因。

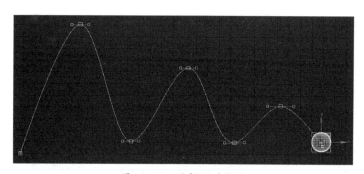

图 10-27 编辑运动轨迹

步骤 05 在时间滑块上重新拖动关键帧，使其基本均匀分布，如图 10-28 所示。

图 10-28 重新调整关键帧位置

步骤 06 单击主工具栏上的【曲线编辑器】按钮打开轨迹视图，用前面的知识调整关键点的切线类型，如图 10-29 所示。

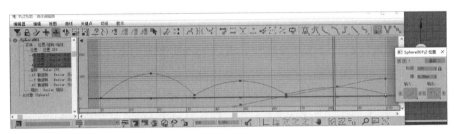

图 10-29　调整关键点切线类型

步骤 07　对象运动轨迹在场景中不一定是一个特定对象，有时需要将轨迹曲线转化为样条曲线，只需在【轨迹】模式下单击【转化为】按钮，就能将轨迹转化为样条曲线，如图 10-30 所示。

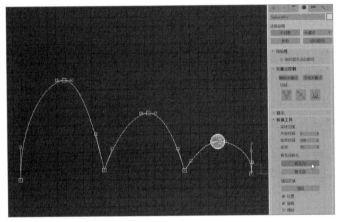

图 10-30　将轨迹转化为样条线

步骤 08　也可以将样条曲线转化为轨迹曲线。重新绘制一个小球和一根样条曲线，选择小球，单击【运动】面板→【运动路径】按钮→【转换工具】面板→【转化自】按钮，单击样条曲线即可将其转化为轨迹曲线，如图 10-31 所示。

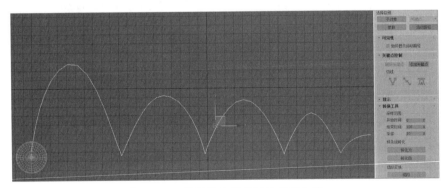

图 10-31　将样条曲线转化为轨迹曲线

温馨提示　有时将轨迹转化为样条线后和原先的轨迹并不重合，这时只需要增大"采样值"就能更接近原轨迹。

课堂范例——制作风扇动画

步骤01 打开"贴图及素材\第10章\吊扇.max"，单击【层次】面板→【轴】按钮→【仅影响轴】按钮，然后开启捕捉，设置捕捉【轴心】，将坐标中心移动到电机的轴心，如图10-32所示，然后关闭【仅影响轴】按钮。

步骤02 单击窗口右下角的【时间配置】按钮，设置动画为200帧，如图10-33所示。

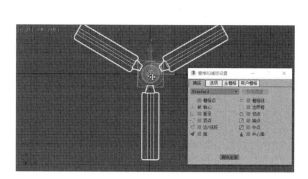

图10-32 调整坐标中心

图10-33 设置动画长度

步骤03 将时间滑块移动到第50帧，按快捷键【N】自动记录关键帧，将扇叶沿顺时针旋转1800°，如图10-34所示，然后按快捷键【N】关闭自动关键帧。

步骤04 打开轨迹视图，将第0帧和第50帧的切线设置为线性，如图10-35所示。

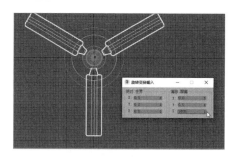

图10-34 记录关键帧

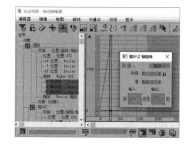

图10-35 调整关键点切线

步骤05 单击【参数曲线超出范围类型】按钮，在出现的对话框里选择【循环】方式，如图10-36所示。

步骤06 在视图中播放动画，吊扇转动动画制作完成。

课堂范例——制作蝴蝶飞舞动画

步骤01 打开"素材及贴图/第10章/蝴蝶.max"，选择蝴蝶左翅，单击【层次】面板→【仅影响轴】按钮，锁定X轴移动到蝴蝶躯干中心，如图10-37所示，同样将右翅也轴心移到躯干中心。按快捷键【N】打开自动关键点模式，在前视图将左翅旋

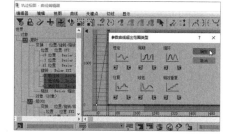

图10-36 选择参数曲线超出范围类型

转-30°，如图 10-38 所示，同样将右翅旋转 30°。

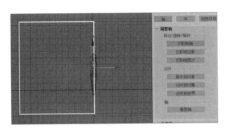

图 10-37 移动坐标轴心

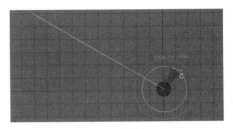

图 10-38 旋转翅膀 1

步骤 02 将时间滑块拖到 20，再将两个翅膀分别旋转 60°、-60°，如图 10-39 所示。按快捷键【N】关闭自动关键点模式，单击状态栏中的【时间配置】按钮📷将动画长度改为 300，分别选择两个翅膀，在主工具栏单击【轨迹曲线】按钮📷，在弹出的对话框中将【参数曲线超出范围】类型设为【往复】，如图 10-40 所示。

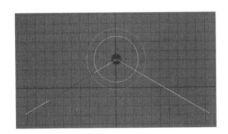

图 10-39 旋转翅膀 2

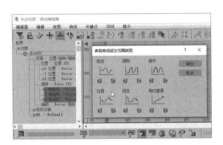

图 10-40 设置参数曲线超出范围类型

步骤 03 单击【创建】面板→【辅助对象】图标，创建一个虚拟对象，如图 10-41 所示。然后选择所有蝴蝶模型，在主工具栏上单击【选择并链接】按钮🔗，拖动鼠标左键将蝴蝶模型链接到虚拟对象上，如图 10-42 所示。

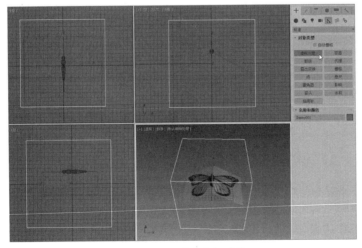

图 10-41 创建虚拟对象

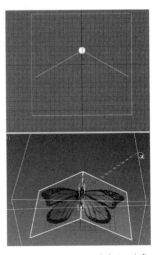

图 10-42 链接到虚拟对象

步骤 04 在顶视图创建一条线作为蝴蝶飞舞的路径，然后按快捷键【1】进入顶点子对象，在前视图和左视图进行编辑，做出高低起伏的效果，如图 10-43 所示。

步骤 05 将透视视口调整到能看到整个路径，打开"素材及贴图\第 10 章"文件夹，选择"郊区.jpg"将其拖动到透视窗口，如图 10-44 所示，单击【确定】按钮，背景贴图和视口贴图完成。

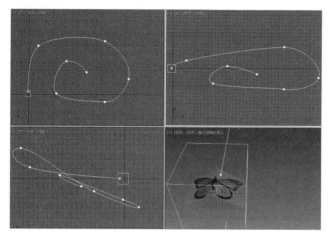

图 10-43 创建飞舞路径

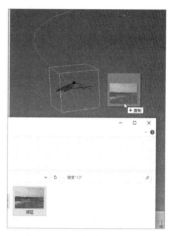

图 10-44 背景、视口贴图

步骤 06 按快捷键【Ctrl+C】将透视图转为相机视图，选择虚拟对象，单击【运动】面板选择【位置】，单击【指定控制器】按钮，在弹出的对话框中为其指定【路径约束】控制器，如图 10-45 所示。然后拾取路径，选中【跟随】复选框，再把时间滑块拖到第 0 帧到顶视图将虚拟对象旋转 -90°，如图 10-46 所示。

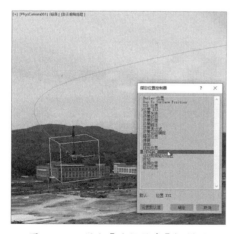

图 10-45 添加【路径约束】控制器

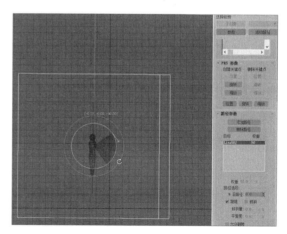

图 10-46 设置【路径约束】控制器参数

步骤 07 切换到摄影机视图，单击【播放】按钮 ▶ 播放动画，蝴蝶飞舞的动画制作完成。

🧑‍💻 课堂问答

问题 1：【路径变形】和【路径变形（WSM）】命令有何区别？

答：带"WSM"的修改器是世界空间的，它影响的是对象所在的整个空间，然后对象在空间里变形；不带"WSM"的是对象坐标修改器，它只让对象按照它的形状变形。简单地说，后者的路径坐标系统不变，而前者的路径会根据对象的坐标系统改变。另外，后者有个【转到路径】按钮而前者没有。

问题2：如何在动画制作过程中加入声音文件？

答：一般是在后期合成中加入音频文件，但 3ds Max 也能做同期音乐合成。方法如下。

单击【迷你曲线编辑器】按钮 ，打开【迷你曲线编辑器】，如图 10-47 所示。然后双击【声音】，在【专业声音】对话框中单击【添加】按钮就能添加音频文件，如图 10-48 所示。然后可设置节拍，通过调整关键帧、缩放轨迹等方法与之匹配。

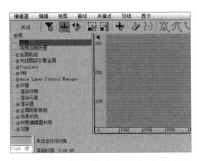

图 10-47　打开【迷你曲线编辑器】

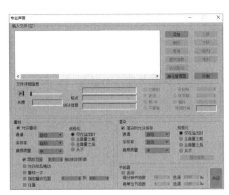

图 10-48　【专业声音】对话框

温馨提示

3ds Max 中的动画仅支持 WAV 和 AVI 的音频格式。

上机实战——制作别墅漫游动画

通过本章的学习，为让读者巩固本章知识点，下面讲解一个技能综合案例，使大家对本章的知识有更深入的了解。

效果展示

自由摄影机漫游动画截图效果如图 10-49 所示。目标摄影机漫游动画截图效果如图 10-50 所示。

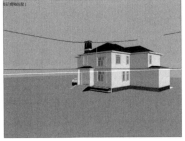

图 10-49　自由摄影机漫游动画截图效果

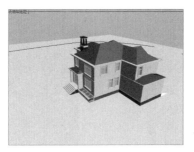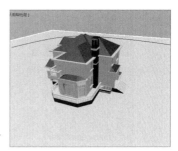

图 10-50　目标摄影机漫游动画截图效果

思路分析

这实际上是一个【路径约束】控制器动画，即将摄影机约束在预先绘制好的路径上，就像边走边看一样的效果。首先绘制漫游的路径，然后选择摄影机，设定动画长度，添加【路径约束】控制器，调整参数即可。

制作步骤

步骤01 打开"贴图及素材\第 10 章\别墅.max"，然后在顶视图中绘制一个漫游路径，如图 10-51 所示。然后在前视图将路径移动到约一楼高的位置。

步骤02 在前视图创建一个自由摄影机，如图 10-52 所示。

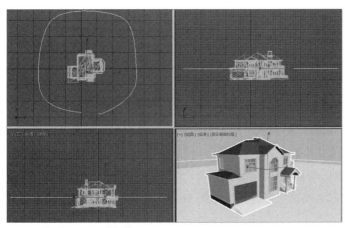

图 10-51　绘制漫游路径

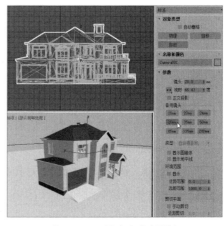

图 10-52　创建自由摄影机

步骤03 选择自由摄影机，单击【运动】面板→【位置】层级→【指定控制器】按钮，在弹出的对话框中双击【路径约束】控制器，如图 10-53 所示。

步骤04 在【路径参数】卷展栏中单击【添加路径】按钮，在视图中拾取漫游路径，然后选中【跟随】复选框。发现摄影机与路径垂直，如图 10-54 所示，此时只需用【选择并旋转】按钮 C 将自由摄影机旋转到与路径方向一致即可。

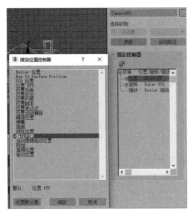

图 10-53　添加【路径约束】控制器

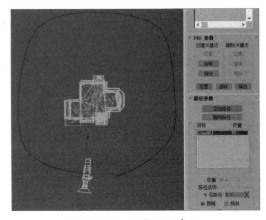

图 10-54　调整路径参数

步骤 05　按快捷键【C】将摄影机视图切换为Camera001，测试播放动画，发现动画太快。在状态栏单击【时间配置】按钮 将动画时长调整为 300 帧（10 秒）；选择摄影机，单击主工具栏中的【轨迹曲线】按钮 将时间线上的关键点拖到第 300 帧，如图 10-55 所示。

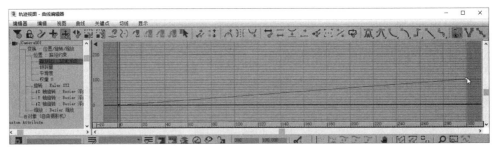

图 10-55　调整路径长度及时长

步骤 06　在摄影机视图中播放动画，漫游动画制作完成。制作漫游动画一般使用自由摄影机，但也可以使用目标摄影机，使用后者的不同点是摄影机目标点锁定一个对象。在顶视图创建一个目标摄影机Camera002，再选择路径，按住【Shift】键锁定 Y 轴【实例】复制一个，如图 10-56 所示。

步骤 07　选择Camera002 为其指定一个【路径约束】控制器，添加漫游路径，选中【跟随】复选框，然后单击【拾取目标】按钮拾取烟囱为摄影机目标点，如图 10-57 所示。

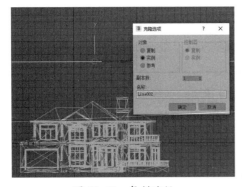

图 10-56　复制路径

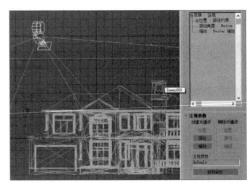

图 10-57　拾取摄影机目标点

温馨提示 由于别墅是一体化模型，可以先在烟囱处创建一个虚拟对象，便于拾取相机的目标点。

步骤08 按快捷键【C】切换摄影机为Camera002，在摄影机视图中播放动画，目标摄影机漫游动画制作完成。

🌐 同步训练——制作翻书效果动画

通过上机实战案例的学习，为了增强读者的动手能力，下面安排一个同步训练案例，以让读者达到举一反三、触类旁通的学习效果。制作翻书效果动画的流程如图10-58所示。

图解流程

图 10-58 制作翻书效果动画流程

思路分析

翻书效果动画实际上就是一个关键帧动画，主要利用【弯曲】修改器记录翻页的关键帧。需要注意的是，在【弯曲】修改器中需选中【限制效果】复选框。

关键步骤

步骤01 打开"贴图及素材\第10章\画册.max"，选择封面对象Box001，添加一个【弯曲】修改器，设置角度-183.5，选中【限制效果】复选框，设置【上限】为16，锁定X轴将【中心】拖到左侧，如图10-59所示。

步骤02 拖动【Bend】修改器到【Box002】，复制【弯曲】修改器，如图10-60所示。

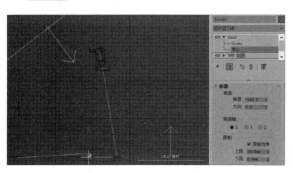 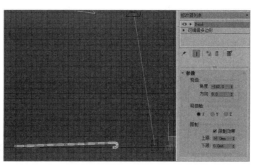

图 10-59 弯曲封面　　　　　图 10-60 复制【弯曲】修改器到Box002

步骤 03 按快捷键【N】记录关键帧。在第 0 帧时将封面和第一页的【弯曲】角度改为 0，如图 10-61 所示。将时间滑块拖到第 50 帧，把封面【弯曲】角度改为 -183.5，如图 10-62 所示，再把第一页的【弯曲】角度改为 0。

步骤 04 将时间滑块拖到第 100 帧，将第一页的【弯曲】角度改为 -182，如图 10-63 所示。

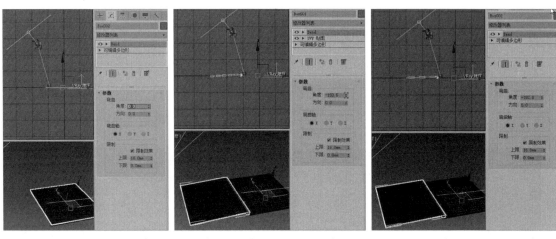

图 10-61　第 0 帧【弯曲】参数　　图 10-62　第 50 帧【弯曲】参数　　图 10-63　第 100 帧【弯曲】参数

步骤 05 按快捷键【F10】，在弹出的对话框中设置【时间输出】为【活动时间段】，【输出大小】为 800×600，【渲染输出】为【文件】，在弹出的对话框中选择 ".avi" 格式，如图 10-64 所示。

步骤 06 选择【GI】选项卡，将【发光贴图】预设为【中-动画】，【灯光缓存】细分设为 1000，如图 10-65 所示，渲染得到 "案例\第 10 章\翻书.avi" 效果。

图 10-64　动画渲染设置 1

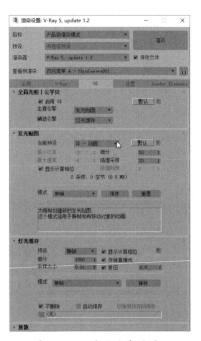

图 10-65　动画渲染设置 2

知识能力测试

一、填空题

1. 轨迹视图有 _____ 和 _____ 两种模式。

2. _____ 控制器可使对象按指定的路径进行运动。

3. 轨迹曲线中的切线类型有 _____ 种。

4. 渲染动画时最好把格式设为 _____。

二、选择题

1. 电影的标准速率为（　　　）。

A. 24 帧/秒　　　　　B. 25 帧/秒　　　　　C. 26 帧/秒　　　　　D. 30 帧/秒

2. 单击（　　　）按钮可打开轨迹视图窗口。

A. ▦　　　　　　B. ▦　　　　　　C. ▦　　　　　　D. ▦

3. 如果用PAL制制作动画，那么5秒钟的动画需要设置（　　　）帧。

A. 150　　　　　　B. 120　　　　　　C. 125　　　　　　D. 60

4. 能随着声音的高低变形的动画控制器是（　　　）。

A. 噪波　　　　　B. 音频　　　　　C. Bezier 位置　　　　　D. 位置 XYZ

5. 参数曲线超出范围类型有（　　　）种。

A. 3　　　　　　B. 4　　　　　　C. 5　　　　　　D. 6

6. 3ds Max 中可以使用的声音文件为（　　　）格式。

A. mp3　　　　　B. wav　　　　　C. mid　　　　　D. raw

三、判断题

1. 3ds Max 动画里不能添加声音文件。　　　　　　　　　　　　　　　（　　　）

2. 对象的运动轨迹可以转化为样条曲线，样条曲线也能转化为运动轨迹。（　　　）

3. 漫游动画实际上是将摄影机加上一个【路径约束】控制器。　　　　　（　　　）

4.【路径变形绑定】修改器和【路径约束】控制器制作的动画是一样的。（　　　）

5. 可以在【运动】面板里添加控制器，也可以在轨迹曲线里添加。　　　（　　　）

6. 3ds Max 不能输出 GIF 格式的动画。　　　　　　　　　　　　　　（　　　）

7. 只能在轨迹视图中给对象指定控制器。　　　　　　　　　　　　　　（　　　）

8. 打开【设置关键点】按钮后，默认的情况下只能使用对象的轴心点进行变换。（　　　）

四、简答题

1. 在 3ds Max 中打开轨迹视图的方法有哪些？

2. 什么是帧速率？常见的帧速率有哪些？

3ds Max 2022

粒子系统与空间扭曲实质是附加的建模工具。粒子系统能生成粒子子对象，从而达到模拟灰尘、雨、雪等效果的目的。空间扭曲是使其他对象变形的"力场"，从而创建出涟漪、波浪和风吹等效果。

学习目标

- 掌握各种常用粒子的使用技巧
- 熟悉力、导向器及空间扭曲的用法

11.1 粒子系统

粒子系统主要用来模拟不规则的模糊形状物体，它们的几何外形不固定也不规则，外观无时无刻不在无规律地变化。因此，它们无法用传统的建模方法来实现。在粒子系统中，不论是固态物体、液态物体，还是气态物体，都是由大量微小粒子图元作为基本元素构成的。

粒子系统的基本原理是将大量相似的微小的基本粒子图元按照一定的规律组合起来，以描述和模拟一些不规则的模糊形状物体。属于粒子系统的每个粒子图元具有确定的生命值和各种状态属性，如【大小】【形状】【位置】【颜色】【透明度】【速度】等。这些粒子都要经过产生、运动变化和消亡这三个生命历程，所有存活着的粒子的【寿命】【形状】【大小】等属性一直都在随着时间的推移而变化，其他属性都将在其限定的变化范围内随机变化。这些粒子的各种属性变化就组成一幅连续变化的动态画面，从而充分模拟出了模糊形状物体的随机性和动态性。

图 11-1 粒子系统的类型

单击【创建】面板→【几何体】图标→【粒子系统】列表，在参数面板中就可以看到有 1 个事件驱动和 6 个非事件驱动的粒子系统，如图 11-1 所示。粒子系统的类型简介如表 11-1 所示。

表 11-1 粒子系统的类型简介

类型	简介
粒子流源	事件驱动粒子系统，可以获得最大的灵活性和可控性，用于复杂的爆炸、碎片、火焰和烟雾等效果
喷射	主要用于模拟雨水、喷泉等效果
超级喷射	【喷射】粒子的加强版，可模拟更多的喷射效果
雪	主要模拟雪花、火花飞溅、纸片飞洒等效果
暴风雪	【雪】粒子的加强版，可模拟任何翻滚与飞腾的效果，如暴风雪、火山等
粒子阵列	用于产生各种比较复杂的粒子群
粒子云	可以制作一些不规则排列运动的物体，如鸟群、人群等

11.1.1 喷射粒子与雪粒子

1. 喷射粒子系统

【喷射】是一种设定相对简单的粒子系统，但其功能并不小，其参数如图 11-2 所示。【喷射】粒子系统的主要参数的简介如表 11-2 所示。虽然它只能发射垂直粒子流，但加入空间扭曲（如风）就可以改变方向。

图 11-2　喷射粒子的参数

表 11-2　喷射粒子的参数简介

参数	简介
视口计数、渲染计数	设置视口中的数量和渲染中的数量，它们可以是各自独立的
水滴大小	粒子的尺寸
速度	每个粒子离开发射器时的初始速度
变化	改变粒子的初始速度和方向，值越大，喷射越强，范围越广
计时	【开始】即从第几帧开始，【寿命】即持续多少帧
形状	提供了【水滴】【圆点】【十字叉】三种，实际上形状是很多的
发射器	发射器的尺寸

创建及修改喷射粒子的步骤如下。

步骤 01　单击【创建】面板→【几何体】图标→【粒子系统】列表→【喷射】按钮，在前视图中拖出一个方形，这就是喷射粒子系统，有条直线垂直于方形，表示粒子的运动方向。

步骤 02　目前场景中没有粒子，这是因为粒子的产生是一个动画的过程，拖动时间滑块就能看到粒子发射的过程，如图 11-3 所示。

步骤 03　进入【修改】面板，调整后的参数设置与效果如图 11-4 所示。

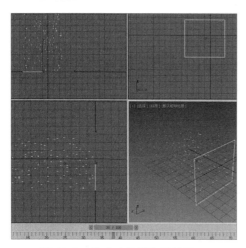

图 11-3　拖动时间滑块的效果

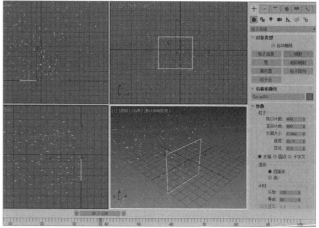

图 11-4　喷射粒子的修改效果

步骤 04　为粒子调制材质。将渲染器设为【V-Ray5，update1.2】，按快捷键【M】进入【材质编辑器】面板，将材质类型切换为【VRay灯光材质】，将【颜色】调为淡蓝色，然后指定给粒子，如图 11-5 所示。

步骤05　选择粒子右击，选择【对象属性】命令，在弹出的对话框中选中【图像】单选按钮，设置【运动模糊】的【倍增】为4，如图11-6所示。快速渲染，第79帧的效果如图11-7所示。

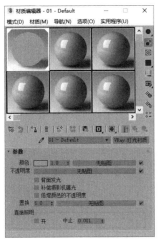

图 11-5　调制材质　　　　图 11-6　设置运动模糊　　　　图 11-7　渲染效果

2. 雪粒子系统

雪粒子可以模拟雪花及碎片散落效果，与喷射粒子相似，主要增加了【六角形】形态和【翻滚】参数，读者可以自行尝试。

11.1.2　超级喷射粒子

超级喷射是喷射粒子的加强版，其参数也较为丰富，发射粒子的形态不再局限于几种简单几何体，它可以用任何三维模型作为粒子进行发射。【超级喷射】粒子系统有 8 个卷展栏，下面对其主要的两个卷展栏做一个简介。【基本参数】与【粒子生成】卷展栏如图11-8所示，简介如表11-3所示。

图 11-8　超级喷射粒子的【基本参数】
与【粒子生成】卷展栏

表 11-3　超级喷射粒子的【基本参数】与【粒子生成】卷展栏参数简介

参数		简介
粒子分布	轴偏离	影响粒子流与Z轴的夹角（沿着X轴的平面）。【扩散】影响粒子远离发射向量的扩散（沿着X轴的平面）
	平面偏离	影响围绕Z轴的发射角度。如果【轴偏离】设置为0，则此选项无效。【扩散】影响粒子围绕"平面偏离"轴的扩散

续表

参数		简介
粒子生成	粒子数量	使用速率：指定每帧发射的固定粒子数
		使用总数：指定在系统使用寿命内产生的总粒子数。使用微调器可以设置每帧产生的粒子数
	粒子运动	速度：粒子在产生时沿着法线的速度
		变化：对每个粒子的发射速度应用一个变化百分比
	粒子计时	发射开始、发射停止：设置粒子开始出现在场景中的帧和最后一帧
		显示时限：指定所有粒子均将消失的帧
		寿命：设置每个粒子的寿命（以从创建帧开始的帧数计）
		变化：指定每个粒子的寿命可以从标准值变化的帧数
	粒子大小	大小：根据粒子的类型指定系统中所有粒子的大小
		变化：每个粒子的大小可以从标准值变化的百分比
		增长耗时：粒子从很小增长到【大小】值经历的帧数
		衰减耗时：粒子在消亡之前缩小到其【大小】设置的 1/10 时所经历的帧数

创建及修改超级喷射粒子的步骤如下。

步骤01 单击【创建】面板→【几何体】图标→【粒子系统】列表→【超级喷射】按钮，在前视图中拖出一个图标，这就是超级喷射粒子系统，拖动时间滑块就可以看到喷射效果，如图 11-9 所示。

步骤02 修改基本参数，如图 11-10 所示，拖动时间滑块即可观察粒子运动。

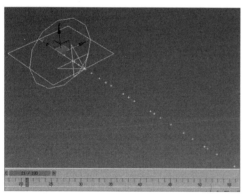

图 11-9 创建超级喷射粒子

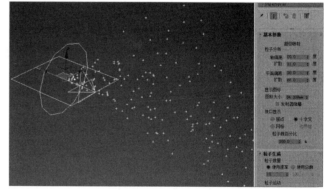

图 11-10 修改超级喷射的基本参数

步骤03 将超级喷射粒子沿 X 轴旋转 -90°，然后修改【粒子生成】卷展栏参数，参数及效果如图 11-11 所示。

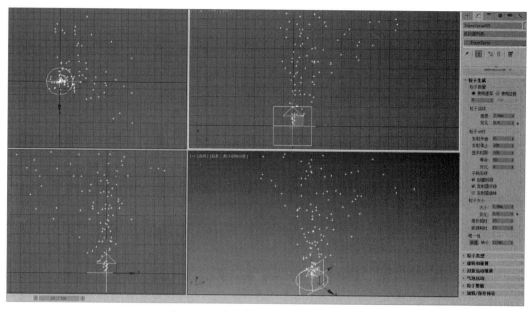

图 11-11　修改【粒子生成】卷展栏参数

在【粒子类型】卷展栏下可指定粒子类型。根据所选择选项的不同，【粒子类型】卷展栏下部会启用不同的参数，如图 11-12 所示。参数及简介如表 11-4 所示。【标准粒子】就是使用几种标准粒子类型中的一种。【变形球粒子】可将单独的粒子以水滴或粒子流形式混合在一起。【实例几何体】的粒子可以是对象、对象链接层次或组的实例，适合创建人群、畜群或非常细致的对象流。

图 11-12　【粒子类型】卷展栏

表 11-4　【粒子类型】卷展栏参数简介

参数	简介	
标准粒子	三角形、立方体、球体、六角形：如字面意思	
	特殊：每个粒子由三个交叉的 2D 正方形组成	
	面：将每个粒子渲染为始终朝向视图的正方形	
	恒定：提供保持相同大小的粒子	
	四面体：将每个粒子渲染为贴图四面体。如果模拟雨滴或火花，使用四面体粒子最合适	
变形球粒子参数	张力：确定有关粒子与其他粒子混合倾向的紧密度	
	变化：指定张力效果的变化的百分比	
	计算粗糙度：指定计算变形球粒子解决方案的精确程度	渲染：设置渲染场景中的变形球粒子的粗糙度
		视口：设置视口显示的粗糙度
	自动粗糙：一般规则是将粗糙值设置为粒子大小的 1/4 ~ 1/2	
	一个相连的水滴：使用快捷算法，仅计算和显示彼此相连或邻近的粒子	

续表

参数	简介
实例 参数	对象：显示所拾取对象的名称
	拾取对象：单击此按钮，然后在视口中选择要作为粒子使用的对象
	且使用子树：如果将拾取对象的链接子对象也包括在粒子中，则启用此选项
	动画偏移 关键点 — 无：每个粒子复制原对象的计时
	出生：第一个出生的粒子是粒子出生时源对象当前动画的实例
	随机：如果【帧偏移】设置为 0，此选项相当于无。否则，每个粒子使用与源对象出生时相同的动画出生，但是帧根据【帧偏移】微调器中的值进行随机偏移
	帧偏移：指定从源对象的当前计时的偏移值
材质 贴图和 来源	时间：指定从粒子出生开始完成粒子的一个贴图所需的帧数
	距离：指定从粒子出生开始完成粒子的一个贴图所需的距离
	材质来源：使用此按钮指定更新粒子携带的材质来源

步骤 04 在视图中创建一个【胶囊】对象，选择超级喷射粒子系统，进入其修改面板，在【基本参数】卷展栏中选择视口显示方式为【网格】，然后在【粒子类型】卷展栏中选中【实例几何体】单选按钮，拾取【胶囊】对象，于是【胶囊】对象就代替了原先的【十字叉】，如图 11-13 所示。

另外还有【旋转和碰撞】卷展栏，如图 11-14 所示。主要参数及简介如表 11-5 所示。

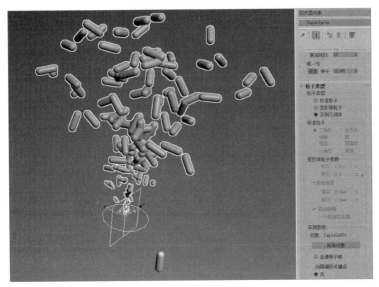 

图 11-13　更改粒子类型为【实例几何体】　　图 11-14　粒子【旋转和碰撞】卷展栏

表 11-5　粒子【旋转和碰撞】卷展栏参数简介

参数	简介
自旋速度控制	自旋时间：粒子一次旋转的帧数
	变化：自旋时间变化的百分比

续表

参数	简介
自旋速度控制	相位：设置粒子的初始旋转（以度计）
	变化：相位变化的百分比
自旋轴控制	运动方向/运动模糊：围绕由粒子移动方向形成的向量旋转粒子
	拉伸：拉伸的值根据【速度】确定拉伸的百分比。如果将【拉伸】设置为2，将【速度】设置为10，粒子将沿着运动轴拉伸其原始大小的20%
	用户定义：使用X、Y和Z轴微调器中定义的向量
粒子碰撞	启用：在计算粒子移动时启用粒子间碰撞

11.1.3　粒子云

　　粒子云是在一个三维模型内产生和发射器有类似形状的粒子团。与前面粒子相同的是，可以用系统中指定的标准几何体、超级粒子或用三维模型做粒子原型；不同的是，它不是从物体表面发出的，而是由系统中指定的立方体、球体或圆柱体等作为空间产生粒子云，并且充满这个发射器空间的。创建粒子云的步骤如下。

　　步骤01　单击【创建】面板→【几何体】图标→【粒子系统】列表→【粒子云】按钮，在顶视图中拖出一个图标，这就是粒子云发射器，进入【基本参数】卷展栏，将【粒子分布】类型改为【球体发射器】，如图11-15所示。

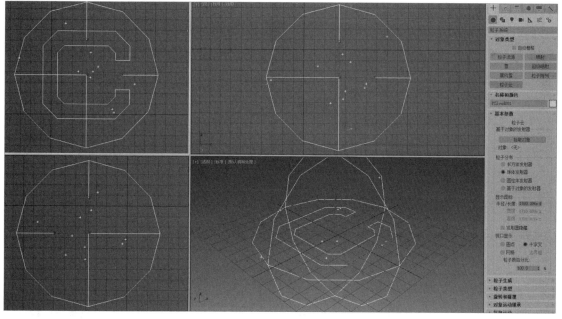

图 11-15　创建粒子云

　　步骤02　在【基本参数】卷展栏里将【视口显示】类型设为【网格】。绘制一个【切角长方体】对象，然后选择【粒子云】对象，进入修改面板。在【粒子类型】卷展栏里选中【实例几何体】单选按钮，在视图中拾取长方体模型，单击【材质来源】按钮，将长方体模型隐藏，如图 11-16 所示。

步骤 03 展开【旋转和碰撞】卷展栏，将【自旋速度控制】参数按如图 11-17 所示进行设定，拖动时间滑块播放动画，可以看到立方体粒子云在球内翻动的动画。

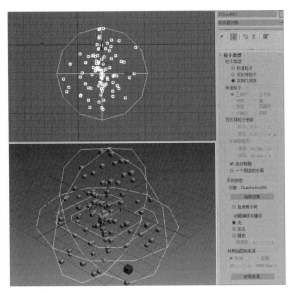

图 11-16　设定粒子云的类型

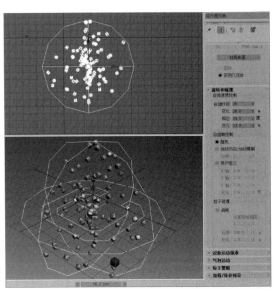

图 11-17　设置【旋转和碰撞】参数

11.1.4　粒子阵列

【粒子阵列】可将粒子分布在几何体对象上，一般用于创建对象的爆炸效果。【粒子阵列】的参数比较多，下面主要介绍【粒子阵列】中特有的部分，如图 11-18 所示，主要参数及简介如表 11-6 所示。

图 11-18　粒子阵列特有参数

表 11-6　【粒子阵列】特有参数简介

参数	简介
粒子分布	在整个曲面：在基于对象的发射器的整个曲面上随机发射粒子
	沿可见边：从对象的可见边随机发射粒子
	在所有的顶点上：从对象的顶点发射粒子
	在特殊点上：在对象曲面上随机分布指定数目的发射器点
	总数：选中【在特殊点上】单选按钮后，指定使用的发射器点数
	在面的中心：从每个三角面的中心发射粒子
对象碎片控制	厚度：设置碎片的厚度
	所有面：对象的每个面均成为粒子。这将产生三角形粒子
	碎片数目：对象破碎成不规则的碎片。下面的【最小值】微调器指定将出现碎片的最小数目
	平滑角度：碎片根据【角度】微调器中指定的值破碎

11.1.5 粒子流源

【粒子流源】系统是一种时间驱动型的粒子系统，它可以自定义粒子的行为，设置寿命、碰撞和速度等测试条件，每一个粒子根据其测试结果会产生相应的状态和形状。

在视图中创建【粒子流源】系统，单击【粒子视图】按钮后会弹出如图 11-19 所示的【粒子视图】对话框。可根据需要增删事件，然后单击事件，在右侧就能调整参数。

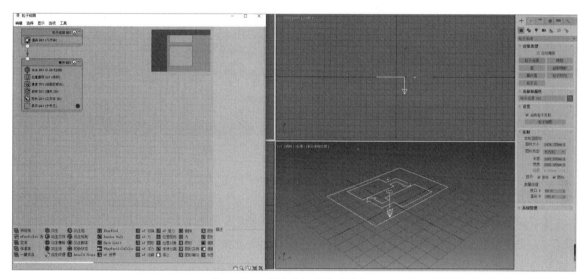

图 11-19 创建【粒子流源】系统

11.2 空间扭曲

空间扭曲能影响其他对象的外观，但其本身却不可渲染，如涟漪、波浪、重力和风等。

11.2.1 力

选择【力】对象，单击【绑定到空间扭曲】按钮后就能将其作用于粒子系统，3ds Max 还有其他空间扭曲，虽然与【力】对象用途不同，但用法相同。

步骤 01 打开"案例\第 11 章\超级喷射 .max"，单击【创建】面板→【空间扭曲】图标→【风】按钮，然后单击【绑定到空间扭曲】按钮，选择粒子，将其拖动到风力上，风力就可以发挥作用，如图 11-20 所示。

步骤 02 选择风力，在【修改】面板里调整参数，如图 11-21 所示。

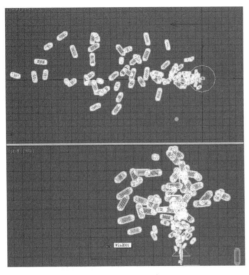
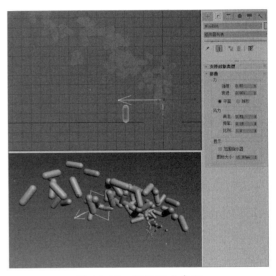

图 11-20　绑定到风力　　　　　　　　　图 11-21　调整风力参数

11.2.2　导向器

　　【导向器】空间扭曲起着平面防护板的作用，例如，使用【导向器】可以模拟被雨水敲击的路面。将【导向器】和【重力】空间扭曲结合在一起，可以产生瀑布和喷泉效果。具体使用方法将在后面的实例中介绍。

课堂范例——制作喷泉动画

　　步骤01　打开"贴图及素材\第11章\喷水池.max"，创建一个喷射粒子，设置粒子的【渲染计数】为3000，【速度】为20，【开始】为-60，【寿命】为100，发射器的【宽度】和【高度】均为80，如图11-22所示。

图 11-22　创建喷射粒子

步骤 02 单击【创建】面板→【空间扭曲】图标→【力】列表→【重力】按钮，在顶视图中创建【重力】图标，然后单击【绑定到空间扭曲】按钮，选择粒子，将其拖动到【重力】上。选择【重力】对象，修改其参数，如图 11-23 所示。

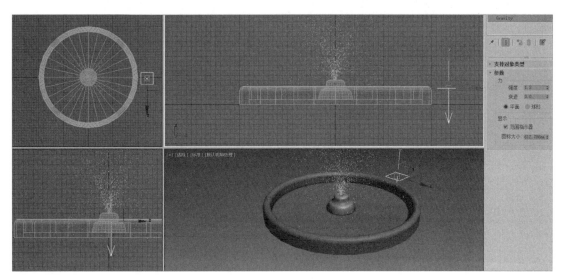

图 11-23 创建【重力】与粒子绑定

步骤 03 单击【创建】面板→【空间扭曲】图标→【导向器】列表→【导向板】按钮，在顶视图中创建【导向板】图标。单击【绑定到空间扭曲】按钮，选择粒子，将其拖动到【导向板】上，切换到【修改】面板，设置【导向板】参数，如图 11-24 所示。

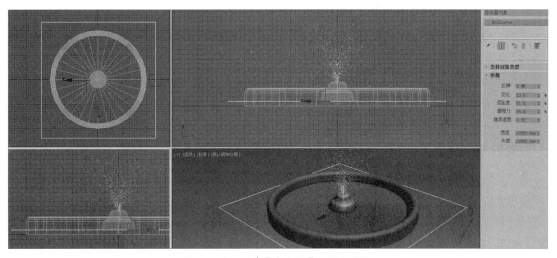

图 11-24 创建【导向板】与粒子绑定

步骤 04 调整透视图，按快捷键【Ctrl+C】匹配为相机视图。拖动时间滑块，粒子下落到导向板的效果基本合适。测试渲染，粒子太小太清晰，将粒子调大制作出动感模糊效果，先修改水滴大小，再右击粒子选择【对象属性】命令，在弹出的对话框中将运动模糊改为如图 11-25 所示的参数。然后再贴图渲染为动画即可。

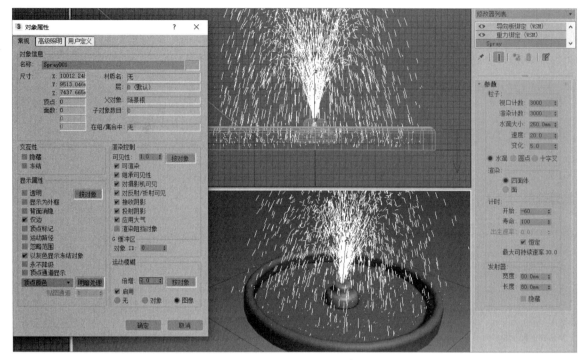

图 11-25 设置运动模糊参数

课堂问答

问题 1：【绑定到空间扭曲】命令与【选择并链接】命令有什么区别？

答：这是两个没有任何相同之处的命令，只是碰巧两个命令图标紧邻在一起而已。【绑定到空间扭曲】命令是主要绑定粒子系统与空间扭曲（如各种力、导向板）的命令。【选择并链接】命令是将源对象链接到目标对象，然后源对象变成了子对象，目标对象变成了父对象，链接后，两个物体依然是两个物体，只是在层级关系上发生变化，子对象不能影响父对象，但父对象会对子对象产生影响。

问题 2：怎样才会使粒子系统中喷出像雾一样的水？

答：一是如课堂范例一样用运动模糊方法处理；二是用【超级喷射】粒子系统，它里面有个功能可以模拟水的黏性，不过计算很慢。当然也可以用 3ds Max 之外的插件。

上机实战——制作爆炸动画

为让读者巩固本章知识点，下面讲一个综合案例，使大家对本章知识有更深入的了解。

图 11-26 分别是第 30、39、61 帧的动画效果的截图。

效果展示

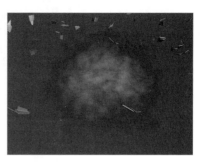

图 11-26　爆炸动画效果的截图

思路分析

此动画需要表现以下几点：一是旋转效果，用记录关键帧加编辑轨迹曲线即可；二是爆炸效果，用【粒子阵列】系统加【粒子爆炸】空间扭曲来制作；三是火效果，在【环境和效果】对话框里添加【火效果】，设置【爆炸】效果即可；四是碎片在地面的反弹效果，创建【导向板】导向器，将【粒子阵列】系统绑定到导向板即可。

制作步骤

步骤 01　创建一个【球体】对象，设置半径为 1300，段数为 16，在面板参数中取消选中【平滑】复选框，转换为可编辑多边形，选择【多边形】子对象，然后按多边形倒角，如图 11-27 所示。

步骤 02　单击【创建】面板→【几何体】图标→【粒子系统】列表→【粒子阵列】按钮，创建一个【粒子阵列】图标，然后单击【拾取对象】按钮，指定爆炸物（球体）作为粒子阵列的发射器，将【视口显示】模式设为【网格】，如图 11-28 所示。

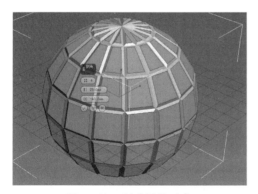
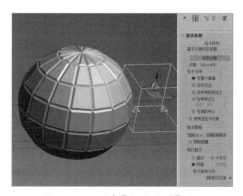

图 11-27　创建爆炸对象　　　　　　　图 11-28　创建【粒子阵列】图标

步骤 03　设置【粒子生成】卷展栏里的【发射开始】为 30，【寿命】为 100，设置【粒子类型】时选中【对象碎片】单选按钮，设置【碎片数目】参数的【最小值】为 100，如图 11-29 所示。

步骤 04　将【旋转和碰撞】卷展栏的【自旋时间】设为 30，如图 11-30 所示。拖动时间滑块，可以看到原来的球体并未消失，所以必须将其隐藏，将时间滑块拖到第 30 帧，按快捷键【N】记录动画，将球体旋转 360°，右击球体选择【对象属性】命令，将【可见性】设为 0，如图 11-31 所示。

图 11-29　设置粒子寿命和类型

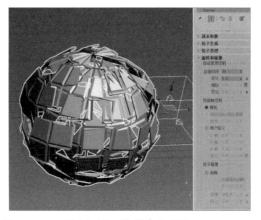

图 11-30　设置自旋时间

图 11-31　设置球体可见性

步骤 05　按快捷键【N】停止记录动画,拖动时间滑块,发现球体是慢慢隐藏的,这不符合现实规律。原因是轨迹曲线是渐变的,此时只需改为突变即可,如图 11-32 所示。最好将旋转的轨迹曲线的切线改为直线,如图 11-33 所示。

图 11-32　设置球体可见性轨迹曲线

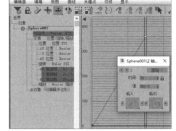

图 11-33　设置球体旋转的轨迹曲线

步骤 06　单击【创建】面板→【空间扭曲】图标→【力】列表→【粒子爆炸】按钮,在顶视图中拖曳创建【粒子爆炸】图标,使用【绑定到空间扭曲】按钮把【粒子阵列】图标和【粒子爆炸】图标绑定到一起。移动【粒子爆炸】图标至球心,进入【修改】面板,调整参数并拖动时间滑块到第 35 帧,效果如图 11-34 所示。

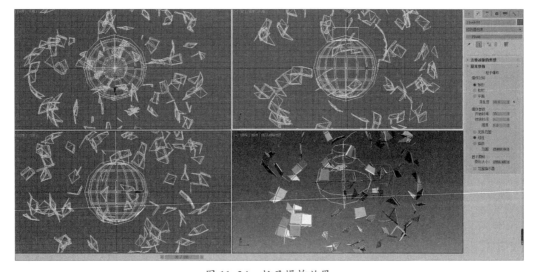

图 11-34　粒子爆炸效果

步骤 07 添加火效果。单击【创建】面板→【辅助对象】按钮→【大气装置】列表→【球体Gizmo】按钮，在视图中创建一个直径约为球体 3 倍的球体 Gizmo。按快捷键【8】，在弹出的【环境和效果】对话框中添加【火效果】，拾取球体 Gizmo，再选中【爆炸】复选框，单击【设置爆炸】按钮，在弹出的对话框中将【开始时间】设为 30，如图 11-35 所示。

步骤 08 绘制一个【平面】对象作为地板，对齐球体底部。单击【创建】面板→【空间扭曲】图标→【导向器】列表→【导向板】按钮，创建一个导向板与平面对齐，将【粒子阵列】对象绑定到导向板上，再按快捷键【Ctrl+C】将透视图匹配为摄影机视图，如图 11-36 所示。

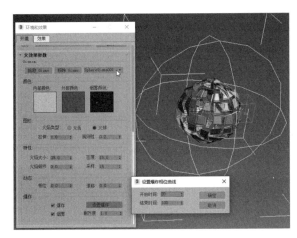

图 11-35 添加火效果

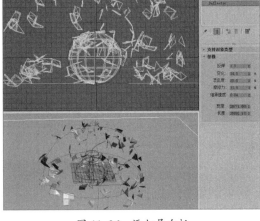

图 11-36 添加导向板

步骤 09 调制材质。按快捷键【F10】将渲染器改为"V-Ray5，update1.2"，选中【GI环境】复选框，将颜色改为白色，倍增设为 0.1；在【GI】选项卡下将【主要引擎】设为【发光贴图】算法并将其预设为【非常低】，将【灯光缓存】算法的【细分】值改为 100，如图 11-37 所示。

步骤 10 在【粒子类型】卷展栏中设置【材质贴图和来源】时选中【拾取的发射器】单选按钮，将【外表面材质ID】设为 1，然后调制【多维/子对象】材质赋给粒子阵列，如图 11-38 所示。

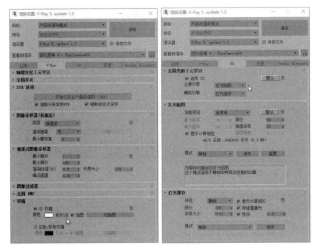

图 11-37 设置渲染

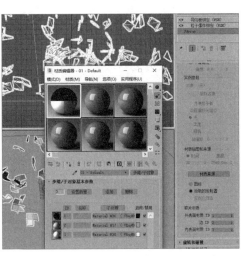

图 11-38 调制材质

步骤 11 渲染输出。按快捷键【F10】，在弹出的对话框中设置渲染参数，如图 11-39 所示，渲染动画，爆炸动画制作完成。

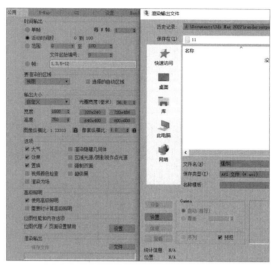

图 11-39 设置渲染输出

⊕ 同步训练——制作喷射文字动画

为了增强读者的动手能力，下面安排一个同步训练案例，以让读者达到举一反三、触类旁通的学习效果。制作喷射文字动画的流程如图 11-40 所示。

图解流程

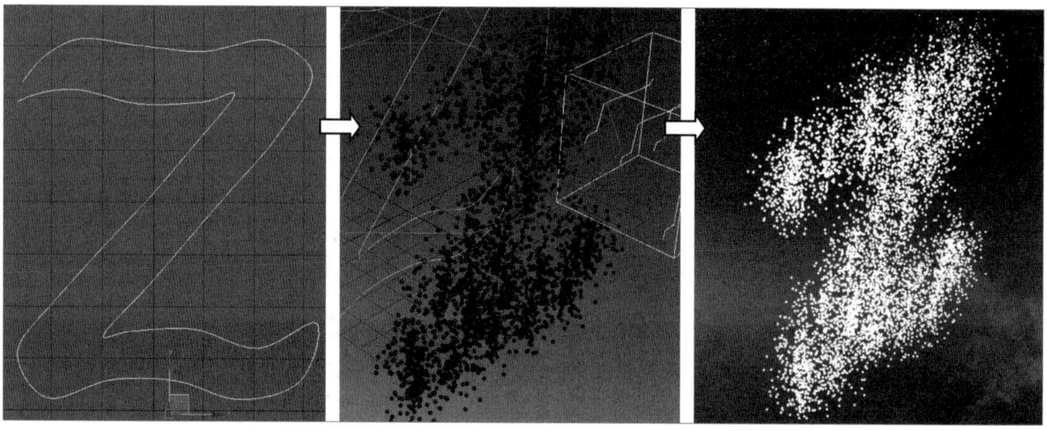

图 11-40 制作喷射文字动画流程

思路分析

此动画的主要思路是用超级喷射粒子绑定到【路径跟随】上。先创建文字，然后将其转为可编辑样条线，然后创建超级喷射粒子，将其绑定到【路径跟随】上，再拾取文字路径，调整参数即可。

关键步骤

步骤01 单击【创建】面板→【图形】图标→【文本】按钮，在前视图中创建一个"Z"字，如图 11-41 所示。然后右击选择【转换为：】→【转换为可编辑样条线】命令，按快捷键【2】进入【线段】子对象，选择起笔的一段删除，如图 11-42 所示。

步骤02 可以看到顶点较多而且不均，可以添加一个【规格化样条线】修改器，将【结数】改为 30，顶点就得以优化，如图 11-43 所示。

图 11-41 创建文字

图 11-42 转为样条线

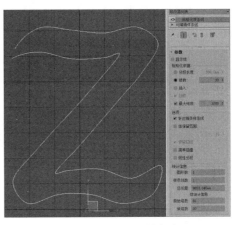
图 11-43 规格化样条线

步骤03 在顶视图创建一个【超级喷射】对象，设置【轴偏离】和【扩散】均为 180°，【平面偏离】为 8°，【扩散】为 180°，【图标大小】为 2000，【视口显示】方式为【网格】，【粒子数百分比】为 80%，【粒子数量】为 80，【速度】为 500，【发射停止】为 100，【显示时限】为 100，【寿命】为 100，【大小】为 50，展开粒子的类型将它的方式设置为【球体】，如图 11-44 所示。

步骤04 单击【创建】面板→【空间扭曲】图标，创建一个【路径跟随】对象，单击 拾取图形对象 按钮，拾取"Z"字路径，将【通过时间】设为 100，【粒子运动】方式为【沿平行样条线】，将【类型】设为【二者】，如图 11-45 所示。

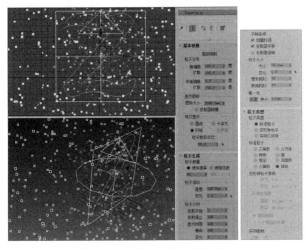
图 11-44 创建超级喷射粒子

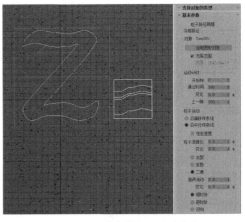
图 11-45 创建【路径跟随】力

步骤 05　选择【路径跟随】对象，单击【绑定到空间扭曲】按钮，按住鼠标左键，将它拖动到刚刚创建的超级喷射粒子上，如图 11-46 所示。

步骤 06　拖动时间滑块，我们可以看到一个沿路径喷射的动画效果，如图 11-47 所示。可以看出粒子稍大，可在【粒子生成】卷展栏中将大小改为 30。

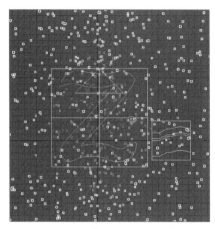

图 11-46　绑定到超级喷射

图 11-47　在视口测试动画效果

步骤 07　按快捷键【8】为背景贴图，选择"贴图及素材\第 11 章\背景 1.jpg"，按快捷键【M】调出【材质编辑器】面板，将贴图实例复制到一个空白材质球上，将【贴图】方式改为【屏幕】，如图 11-48 所示。

步骤 08　切换到 VRay 渲染器，在【渲染设置】对话框中选择【GI】选项卡，将【主要引擎】设为【发光贴图】且预设为【非常低】。为粒子指定一个【VRay 灯光材质】，如图 11-49 所示。

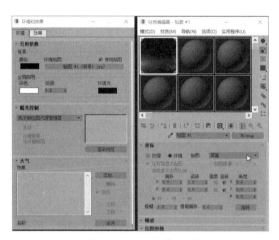

图 11-48　为背景贴图

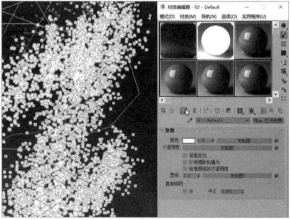

图 11-49　为粒子贴图

步骤 09　按快捷键【F10】，在弹出的对话框中设置【时间输出】为【活动时间段】，单击【渲染输出】参数下的【文件】按钮，如图 11-50 所示，在弹出的对话框中选择".avi"格式并为文件命名。

步骤 10　渲染透视图，喷射文字的动画完成，其中一帧如图 11-51 所示。

图 11-50　设置动画渲染参数

图 11-51　喷射文字动画的某帧效果

知识能力测试

一、填空题

1. 喷射粒子和雪粒子极为相似，在【渲染】选项中共有的是_____。

2. 需要设置粒子在一定路径上运动，可以绑定到_____。

3. 制作不规则排列物体可用_____。

4. 在 3ds Max 粒子系统中，只有_____属于事件驱动型粒子系统。

二、选择题

1. 不属于粒子类型的是（　　　　）。

A. 标准粒子　　　　　　B. 实例几何体　　　　　C. 对象碎片　　　　　　D. 扩展几何体

2. 为了让粒子系统能更好地模拟礼花在空中下落的效果，我们必须配合空间扭曲中的哪一种来限定粒子？（　　　　）

A. 风力　　　　　　　　B. 漩涡　　　　　　　　C. 马达　　　　　　　　D. 重力

3. 在粒子系统雪粒子的参数中，以下哪一项是我们不可以设定的？（　　　　）

A. 粒子发射时间　　　　B. 粒子寿命　　　　　　C. 粒子发射速度　　　　D. 粒子的繁殖

4. 在场景中粒子的数量不能被以下哪一项决定？（　　　　）

A. 速度　　　　　　　　B. 粒子大小　　　　　　C. 发射结束　　　　　　D. 寿命帧

5. 雪和超级喷射属于以下哪一项？（　　　）

A. 标准几何体　　　B. 扩展几何体　　　C. 空间扭曲物体　　　D. 粒子系统

6. 以下哪一项不是空间扭曲面板中力的物体类型？（　　　）

A. 导向球　　　B. 路径跟随　　　C. 马达　　　D. 漩涡

7. 空间扭曲的导向器类型中不包括（　　　）。

A. 导向板　　　B. 导向球　　　C. 全导向球　　　D. 反射器

8. 空间扭曲物体不包括（　　　）部分内容。

A. 力　　　B. 导向器　　　C. 粒子和动力学　　　D. 粒子衍生

9. 粒子系统主要用于表现动画效果，但是不可以产生的效果是（　　　）。

A. 火花　　　B. 暴雨　　　C. 雪花　　　D. 森林

10. 粒子系统中不存在的粒子是（　　　）。

A. 雪　　　B. 喷射　　　C. 超级喷射　　　D. 极度喷射

11. 粒子列阵的粒子类型不包括（　　　）。

A. 标准粒子　　　B. 变形球粒子　　　C. 实例几何体　　　D. 矩形

12. 用粒子模拟水流，在地面上流动需绑定到（　　　）。

A. 粒子爆炸　　　B. 置换　　　C. 导向球　　　D. 导向板

13. 空间扭曲（力）中不包括（　　　）。

A. 风力　　　B. 重力　　　C. 弹力　　　D. 阻力

三、判断题

1. 空间扭曲是无法渲染出来的。　　　　　（　　　）
2. 暴风雪粒子系统可以设置烟雾升腾、火花进射的效果。　　　　　（　　　）
3. 雪粒子的大小只能由【粒子生成】卷展栏中的【雪花大小】参数来决定。　　　　　（　　　）
4. 空间扭曲物体可以影响二维图形。　　　　　（　　　）
5. 使用空间扭曲中的重力可以设置烟雾随风飘散的效果。　　　　　（　　　）
6. 在粒子系统的【粒子类型】卷展栏中可设置【茶壶】对象为粒子的基本外形。　　　　　（　　　）
7. 在场景中粒子的数量只能由【粒子生成】卷展栏中的粒子数量来确定。　　　　　（　　　）
8. 对粒子的操作只能操作整个粒子系统，而不能单独编辑某一个粒子。　　　　　（　　　）
9. 用于粒子系统发射源的三维模型一定要力求简化，否则会影响计算机速度。　　　　　（　　　）

四、简答题

1. 3ds Max 有哪些粒子系统和空间扭曲力？请分别列举 4 种以上。
2. 标准粒子有哪些类型？请列举 4 种以上。

3ds Max 2022

通过前面 11 章内容的学习，相信读者熟悉了 3ds Max 2022 的基本使用方法。这里再通过一个商业案例实训对前面的知识和技能来进行一下检阅和巩固。

学习目标

- 掌握 3ds Max 的建模技能
- 掌握 3ds Max 的贴图、渲染技能
- 掌握 3ds Max 的相机、灯光应用技能

12.1 案例介绍

这是一个客厅加餐厅的设计效果图，完成效果如图 12-1 所示。下面以这个项目为载体介绍一下室内效果图的绘制方法。

图 12-1　最终效果

12.2 绘图准备

步骤01 在菜单栏中选择【自定义】→【单位设置】命令，在弹出的对话框中将显示单位和系统单位都设为毫米，如图 12-2 所示。

步骤02 在菜单栏中选择【文件】→【导入】→【导入】命令，导入"贴图及素材\第 12 章\双厅.dwg"，然后按快捷键【Ctrl+A】全选对象；在菜单栏中选择【组】→【组】命令，在弹出的对话框中单击【确定】按钮，将其群组起来，如图 12-3 所示。右击此图，选择【冻结当前选择】命令。

图 12-2　设置单位

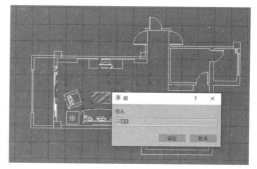

图 12-3　群组CAD图

步骤03 右击【捕捉开关】按钮3²，在弹出的对话框中选择【捕捉】选项卡，选中【顶点】复选框；在【选项】选项卡里选中【捕捉到冻结对象】复选框，如图 12-4 所示。然后按【G】键隐藏网格。

图 12-4　设置捕捉

12.3 绘制墙体

步骤01 选择顶视图，按快捷键【Alt+W】将其最大化，单击【创建】面板→【图形】图标→【线】按钮，按【S】键打开捕捉工具，沿着客厅、餐厅、过道捕捉顶点绘制一根封闭的线，如图 12-5 所示。

步骤02 单击【修改】面板，添加一个【挤出】修改器，挤出 2800，单击透视图，按快捷键【Alt+W】将其最大化，效果如图 12-6 所示。

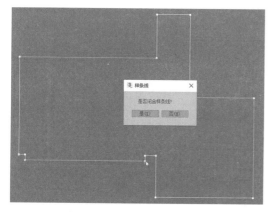

图 12-5　捕捉顶点绘制墙线

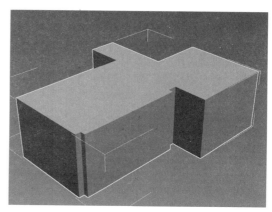

图 12-6　挤出墙体

技能
拓展
①若是看不清,可滚动鼠标中轮放大后再绘制。

②绘制到视图边界需要绘制其他地方时,按【I】键平移视图,可以绘制下一段。

③此时可只捕捉墙角顶点绘制。若想后面绘制门窗宽度线更方便,也可捕捉门窗洞的顶点。

④在绘线中,若绘制错了顶点,可按【Delete】或【退格】键将其删除,然后重画。

步骤03　我们需要看到房子里面而非外面,故再添加一个【法线】修改器将其法线翻转,但翻转后看起来漆黑一片。右击模型,选择【对象属性】命令,在弹出的对话框中选中【背面消隐】复选框,如图12-7所示。然后单击【确定】按钮即可。

步骤04　右击墙体模型,选择【转换为:】→【转换为可编辑多边形】命令,按【F4】键带边面显示,如图12-8所示。

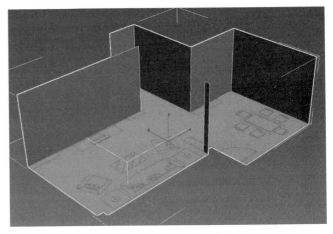

图12-7　翻转法线、背面消隐　　　　图12-8　转换为可编辑多边形

12.4 绘制推拉门及推拉窗

步骤01　按快捷键【Ctrl+R】动态观察推拉门位置,按【2】键进入【边】子对象,选择推拉门所在面的上下两条边,单击【连接】后面的按钮,连接两条边作为推拉门两边的门洞线,如图12-9所示。

步骤02　将顶视图最大化,按【1】键进入【顶点】子对象,框选刚才加边形成的顶点,移动到CAD图中推拉门边界的位置,如图12-10所示。

温馨
提示
若之前绘制封闭墙线时已经捕捉门窗洞顶点,则可省去这一步。

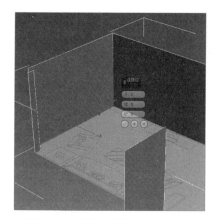

图 12-9　连接生成推拉门的纵边

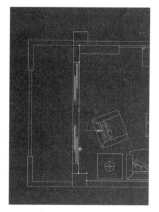

图 12-10　移动顶点到CAD图的位置

步骤 03　切换到透视图，进入【边】子对象，选择推拉门两边的边，单击【连接】后面的按钮，连接一条横边作为推拉门洞的上线，然后右击【选择并移动】按钮➕，在弹出的对话框中的【绝对：世界】的Z轴里输入 2100，如图 12-11 所示。

步骤 04　按快捷键【4】进入【多边形】子对象，选中【忽略背面】复选框，选择推拉门的面，将其挤出 -120，如图 12-12 所示；然后将其分离出来，如图 12-13 所示。

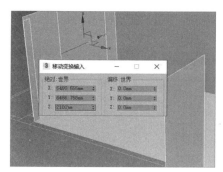

图 12-11　连接生成推拉门的横边

图 12-12　挤出推拉门

图 12-13　分离出推拉门的对象

温馨提示

"绝对"是以内置系统坐标为基准；"相对"是以当前坐标为基准。

步骤 05　取消选择【多边形】子对象，选择推拉门模型，进入【多边形】子对象，选择推拉门的面，单击【插入】后面的按钮，插入 40，然后挤出 -10 作为门套，如图 12-14 所示。

温馨提示

①分离后由于成为两个独立对象，但颜色完全一样，所以一定要记得取消子对象，不然就不能选择其他对象。
②外墙应为 240，但推拉门是安放于其中间的，故此挤出 -120。

步骤 06　绘制 4 扇推拉门。选择推拉门模型，按快捷键【Alt+Q】单独显示推拉门，进入【边】子对象，选择最内面的上下两条边，通过【连接】命令生成 3 条边，如图 12-15 所示。

步骤07 进入【多边形】子对象，选择中间两个多边形，挤出-20，取消选择再重新选择四个面，单击【插入】后的按钮，选择 ▦ 按多边形 插入40，如图12-16所示。

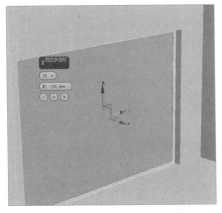

图 12-14 绘制推拉门的门套　　图 12-15 连接边分出推拉门的面　　图 12-16 绘制推拉门门框

步骤08 挤出-10，设置材质ID为1，如图12-17所示。按快捷键【Ctrl+I】反选，设置材质ID为2。取消选择子对象，右击，选择【取消全部隐藏】命令，推拉门模型绘制完毕，如图12-18所示。

步骤09 用同样的方法可绘制餐厅墙面的窗户，效果如图12-19所示。

温馨提示
窗户离地一般为900mm，建筑尺寸一般以300为模数，这里的窗户高1500mm，故连接好横边后，将其Z轴绝对位置设为900、2400。

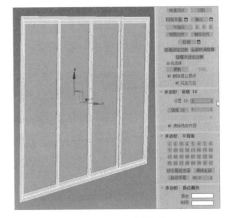

图 12-17 设置材质ID

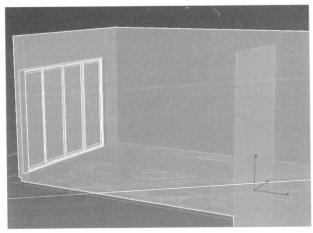
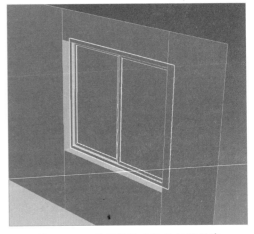

图 12-18 推拉门模型效果　　　　　图 12-19 用同样的方法绘制推拉窗

12.5　绘制吊顶

步骤 01　绘制客厅吊顶的面。按快捷键【Ctrl+R】动态观察天棚位置，按快捷键【2】进入【边】子对象，连接生成两根边，如图 12-20 所示。

步骤 02　切换到顶视图，进入【顶点】子对象，按快捷键【S】打开捕捉开关，选中【顶点】复选框和【选项】面板里的【启用约束轴】复选框；按快捷键【W】切换到【选择并移动】按钮⊕，锁定X轴，选择一个顶点拖到下面的顶点上，对齐顶点，如图 12-21 所示。用同样的方法把另外两点对齐，然后锁定X轴移动调整位置。

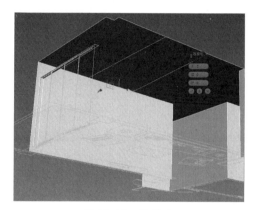

图 12-20　连接边

图 12-21　对齐顶点

技能拓展

　　若不易锁定X轴，可关闭Gizmo，然后按【F5】键锁定X轴，按【F6】键锁定Y轴，按【F7】键锁定Z轴，按【F8】键锁定面。

步骤 03　选择调整后的两根边，连接生成两根边并移动调整，客厅吊顶面创建完成。进入【多边形】子对象，选择客厅吊顶面，通过【挤出】【倒角】【挤出】命令完成客厅吊顶模型绘制，如图 12-22 所示。

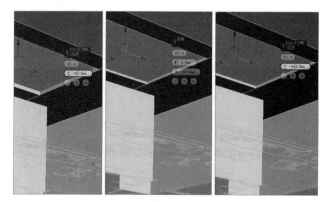

温馨提示

　　倒角多边形，高度为0相当于【插入】命令，轮廓为0相当于【挤出】命令。

图 12-22　绘制客厅吊顶模型

步骤 04　用同样的方法绘制餐厅吊顶，如图 12-23 所示。

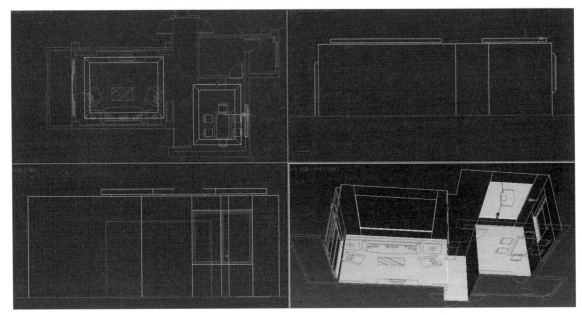

图 12-23　绘制餐厅吊顶

12.6　绘制其他模型

步骤 01　绘制门。用绘制推拉门的方法绘制好入户门，如图 12-24 所示。再绘制门套，开启
【捕捉开关】工具在左视图中捕捉顶点绘制一个矩形，如图 12-25 所示。

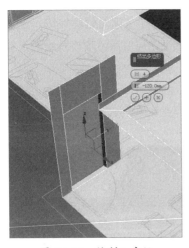

图 12-24　绘制入户门

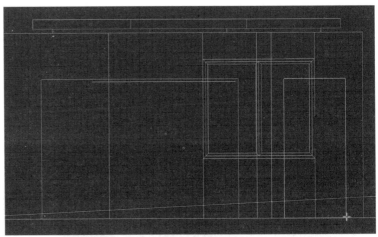

图 12-25　绘制矩形

步骤 02　在矩形对象上右击，选择【转换为:】→【转换为可编辑样条线】命令，按快捷键
【Alt+Q】将其单独显示，进入【边】子对象，选择下部的线将其删除，如图 12-26 所示。

步骤 03　在顶视图绘制一个 80×130 的矩形，再绘制 8 个圆形，通过【附加】【布尔】【切角】等命令编辑为门套剖面，参考效果如图 12-27 所示。

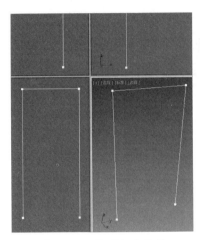

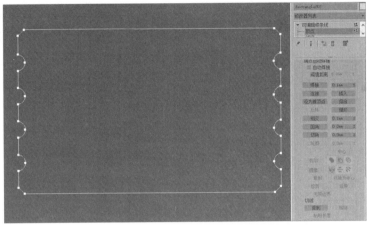

图 12-26　绘制门套路径　　　　　　图 12-27　绘制门套剖面

步骤 04　选择门套路径，添加【倒角剖面】修改器，选择【经典】模式，拾取门套截面，效果如图 12-28 所示。

步骤 05　这时发现剖面方向不对，只需要展开【倒角剖面】修改器前的▶按钮，选择【剖面Gizmo】子对象，然后右击【选择并旋转】按钮↻，在弹出的对话框中的【偏移：世界】中设置绕 Z 轴旋转 90°，剖面方向调整成功，如图 12-29 所示。

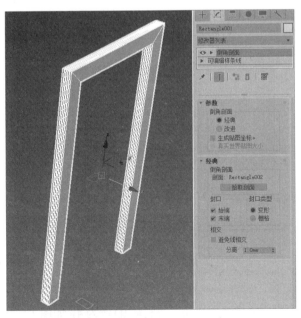

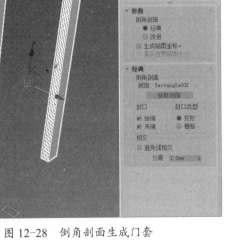

图 12-28　倒角剖面生成门套　　　　图 12-29　调整门套剖面

步骤 06　在菜单栏中选择【文件】→【导入】→【合并】命令，选择"贴图及素材\第 12 章\

锁.max"进行合并，再通过【旋转】【移动】【镜像】等命令将其调整到合适位置，效果如图 12-30 所示。

步骤 07 用同样的方法绘制其他 3 扇门，效果如图 12-31 所示。

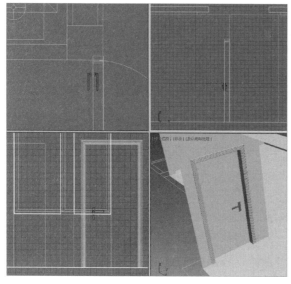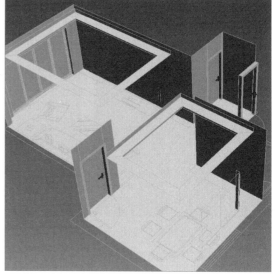

图 12-30　合并锁模型　　　　　　　图 12-31　绘制其他门

步骤 08 绘制踢脚线。选择墙体模型，进入【多边形】子对象，按快捷键【Ctrl+A】全选多边形，单击【切片平面】按钮，然后右击【选择并移动】按钮✥，将其绝对坐标 Z 轴设为 120，如图 12-32 所示，然后单击【切片】按钮。

步骤 09 两次单击【多边形】子对象，按住【Alt】键在前视图拖动减选墙面，然后再按住【Alt】键单击地面来减选地面，如图 12-33 所示。

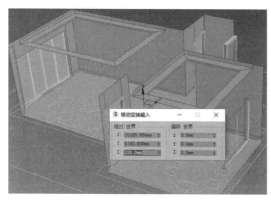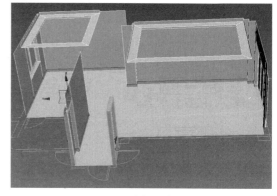

图 12-32　切片平面生成踢脚线的面　　　　　图 12-33　选择踢脚线的面

步骤 10 设置材质 ID。进入【多边形】子对象，全选墙体的面，将材质 ID 设为 3；然后选择地面，将材质 ID 设为 1；选择踢脚线，将材质 ID 设为 2；选择电视墙，将材质 ID 设为 4，如图 12-34 所示。此时客厅、餐厅、墙体模型创建完毕。

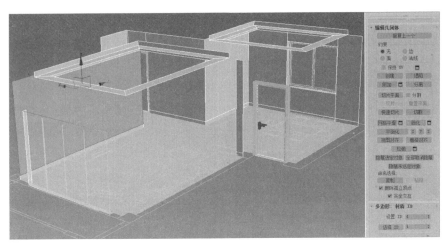

图 12-34　设置材质ID号

技能拓展

①为了方便记忆，可按从下到上或从上到下设置材质ID，此例采用从下到上的顺序。

②设置材质ID需先考虑最多面、最不好选择的面，如此例就是 3 号乳胶漆材质，故先全选设置为 3，再设置其他的。

12.7 调制材质

步骤 01　调制推拉门窗材质。按快捷键【F10】将渲染器设为【V-Ray5，update1.2】，按快捷键【M】调出【材质编辑器】面板，选择一个空白材质球，单击 物理材质 按钮，将类型改为【多维/子对象】，设置子材质的数量为2，如图 12-35 所示。

步骤 02　单击子材质 1，将其类型更改为VRayMtl材质，将【折射】面板后的颜色改为白色，如图 12-36 所示。单击【转到父对象】按钮，单击子材质 1 拖动复制到子材质 2，将【漫反射】颜色由浅灰色改为白色，然后将其指定给推拉门与推拉窗，如图 12-37 所示。

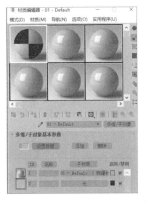 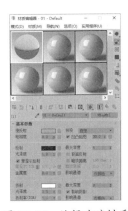 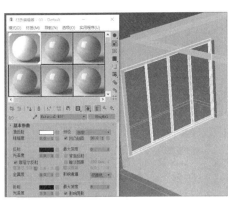

图 12-35　切换为【多维/子对象】　　图 12-36　编辑玻璃材质　　图 12-37　指定材质给推拉门窗

步骤 03　调制房屋材质。按快捷键【M】调出【材质编辑器】面板，选择一个空白材质球，将类型切换为【多维/子对象】，设置数量为 4，将第三个子材质设为 VRayMtl 并将【漫反射】颜色改为白色，如图 12-38 所示。

步骤 04　单击【转到父对象】按钮，复制 3 号子材质将其拖动到其他子材质，如图 12-39 所示；然后选择 1 号子材质，将【反射】调为 60 左右，将其光泽度调为 0.7 左右，单击【漫反射】后的按钮为其贴上"爵士白 1d.jpg"，如图 12-40 所示。

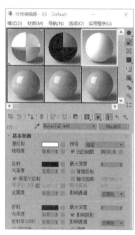
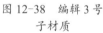

图 12-38　编辑 3 号
子材质

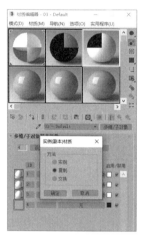

图 12-39　复制 3 号
子材质

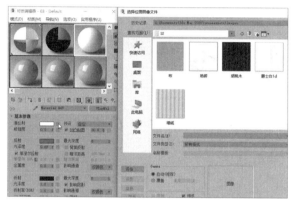

图 12-40　为 1 号子材质添加漫反射贴图

步骤 05　在不改变原有反射及光泽度的前提下，为 2 号子材质的漫反射通道贴上"胡桃木.jpg"，为 4 号子材质贴上"墙纸.jpg"，单击【转到父对象】按钮，如图 12-41 所示。选择房屋模型，单击【将材质指定给选定对象】按钮，效果如图 12-42 所示。

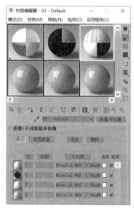

图 12-41　为 2、4 号子材质贴图

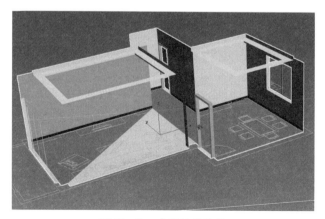

图 12-42　房屋材质效果

步骤 06　可以看出贴图效果不理想，墙纸与地砖的贴图未能正确显示。添加一个【UVW 贴图】修改器，将【贴图】方式改为【长方体】，【U 向平铺】参数改为 5，可以看到墙纸贴图正常了，如图 12-43 所示，但地砖贴图仍有问题。

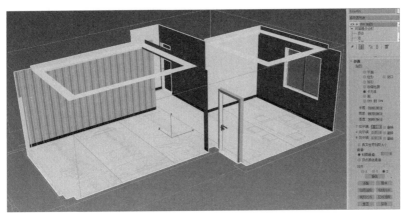

图 12-43　添加【UVW 贴图】修改器

步骤 07 选择房屋材质球，选择 1 号子材质，单击【漫反射】后的 M 按钮，将【瓷砖】参数的 U、V 方向分别改为 3 和 8，可以看到地砖贴图大小已正常，如图 12-44 所示。

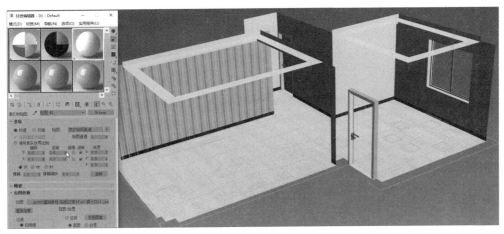

图 12-44　调整 UV 平铺贴图效果

步骤 08 为门贴图。选中入户门，选择一个空白材质球将其改为 VRayMtl 材质，单击【漫反射】后的按钮，为其贴上一个"门.jpg"的位图，然后指定给选定对象，如图 12-45 所示。再为其添加一个【UVW 贴图】修改器，将【贴图】方式改为【长方体】，如图 12-46 所示。

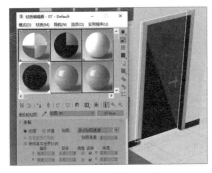

图 12-45　为门贴图

图 12-46　添加【UVW 贴图】修改器

步骤 09   为门套贴图。选中门套，选择一个空白材质球将其改为VRayMtl材质，将【漫反射】颜色的RGB值分别改为21、10、6，如图 12-47 所示，然后指定给门套。为另外两扇门和门套指定材质，效果如图 12-48 所示。

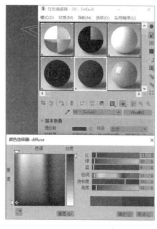

图 12-47   调制门套材质

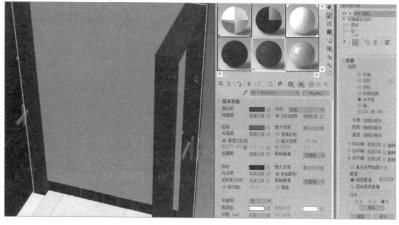

图 12-48   为另外两扇门和门套指定材质

步骤 10   右击后选择【全部解冻】命令，选择CAD图，然后按【Delete】键删除，效果如图 12-49 所示。

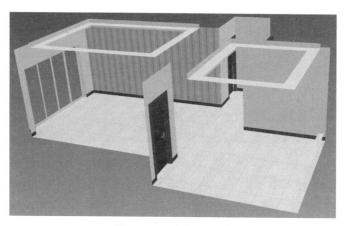

图 12-49   删除CAD图

12.8 导入家具模型

步骤 01   在菜单栏中选择【文件】→【导入】→【合并】命令，在弹出的对话框中选择"贴图及素材/第 12 章/双厅家具.max"，再在弹出的对话框中单击【全部】按钮，然后单击【确定】按钮，如图 12-50 所示。在有同名冲突的对话框中选中【应用于所有重复情况】复选框并单击【自动重命名合并材质】按钮，如图 12-51 所示。按快捷键【Ctrl+Shift+Z】最大化显示视图，可以看到家具已经合并到场景中。

步骤 02 选择所有家具，在顶视图中将其拖动到房屋附近，如图 12-52 所示。

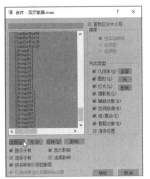

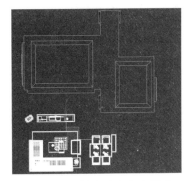

图 12-50 合并家具模型　　图 12-51 自动重命名合并材质　　图 12-52 整体移动家具模型

步骤 03 在顶视图中用移动工具将客厅家具和餐厅家具分别选中调整，效果如图 12-53 所示。

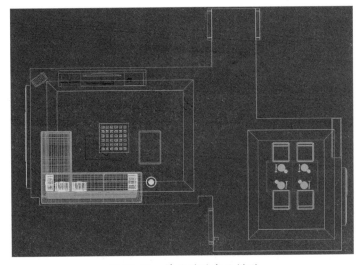

图 12-53 精确移动家具模型

步骤 04 到前视图选择吊灯，将其移动到天棚，如图 12-54 所示。

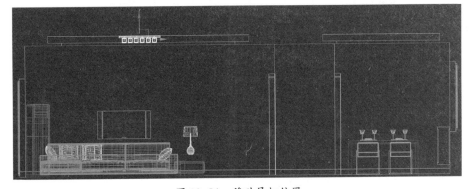

图 12-54 移动吊灯位置

步骤 05 按快捷键【M】调出【材质编辑器】面板，单击【从对象拾取材质】按钮，然后单击一下沙发，可以看到材质类型变为VRayMtl，如图 12-55 所示。单击【漫反射】后的贴图按钮 M，在【位图参数】卷展栏中单击【位图】后的按钮，在弹出的对话框中将贴图替换为"布.jpg"，如图 12-56 所示。

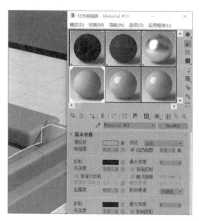

图 12-55　从对象拾取材质

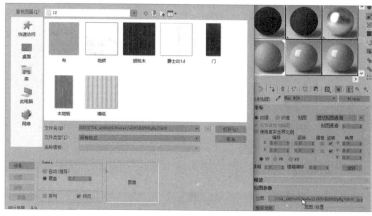

图 12-56　替换贴图

步骤 06　用同样的方法对其他模型的贴图进行处理，家具参考效果如图 12-57 所示。

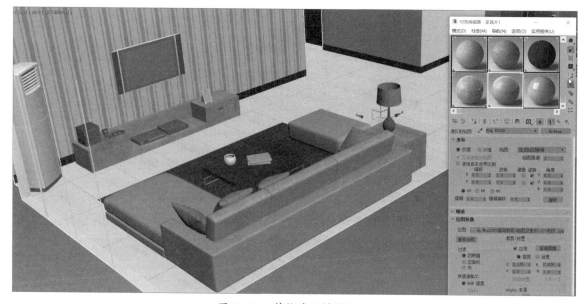

图 12-57　替换其他模型贴图

12.9 创建相机

步骤 01　在顶视图创建一个VRay物理相机，然后在前视图选择该相机并往上拖动到大约一人高的位置，如图 12-58 所示。

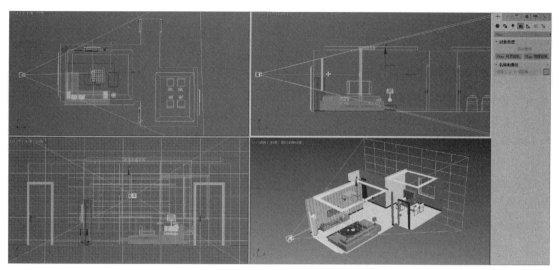

图 12-58　创建 VRay 物理相机

步骤 02　选中透视图，按快捷键【C】进入相机视图，再按快捷键【Shift+F】打开安全框，如图 12-59 所示。可以看到视野不够宽，而且推拉门挡住了视线。此时可选择相机，然后单击【修改】面板将【胶片规格（毫米）】改为 40，再在【剪切和环境】卷展栏里选中【剪切】复选框，将【近端剪切平面】和【远端剪切平面】分别改为 3000 和 15000，如图 12-60 所示。

图 12-59　进入相机

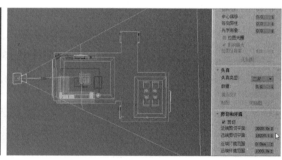

图 12-60　调整相机

步骤 03　在顶视图创建一个从餐厅看客厅的 VRay 物理相机，单击左视图按快捷键【C】选择"VRay 相机 002"进入相机视图，按快捷键【Shift+F】打开安全框，按快捷键【F3】切换到默认明暗处理显示模式，两个相机的效果如图 12-61 所示。

图 12-61　进入两个相机的效果

12.10 创建灯光

步骤01 按快捷键【F10】，在弹出的对话框中选择【V-Ray】选项卡，在【环境】卷展栏里选中【GI环境】复选框，将【颜色】的倍增设为2，如图12-62所示。将【GI】选项卡里的【主要引擎】设为【发光贴图】，将【发光贴图】预设为【非常低】，将【灯光缓存】的【细分】设为100，如图12-63所示。

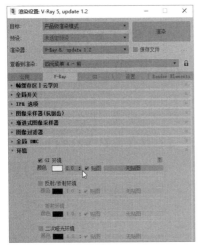

图 12-62 选中【GI环境】复选框开启天光

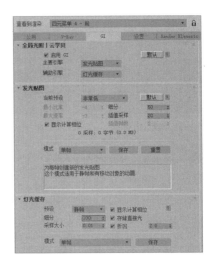

图 12-63 设置草图渲染参数

步骤02 在【查看到渲染】下拉列表中选择【四元菜单4-VRay相机001】，单击【渲染】按钮测试灯光渲染效果，效果如图12-64所示。可以看出光线比较暗淡。

图 12-64 环境光测试渲染

步骤03 选择【VRay相机001】，在【修改】面板中将【光圈数】调为3，将【快门速度】调到100，按快捷键【F9】测试渲染，环境光就比较合适了，参考效果如图12-65所示。

图 12-65　调整光圈快门测试渲染效果

步骤 04　按快捷键【8】，在打开的面板中单击【环境贴图】下的按钮，在弹出的对话框中选择一张"外景 2.jpg"的图，如图 12-66 所示。按快捷键【M】，将【环境贴图】下的按钮拖动【实例】复制到一个空白材质球上，将【贴图】方式改为【屏幕】，如图 12-67 所示。

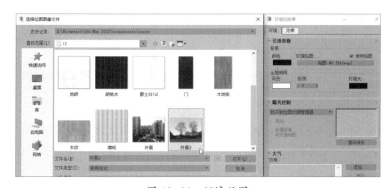

图 12-66　环境贴图

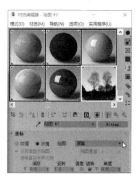

图 12-67　更改贴图方式

步骤 05　在顶视图创建一个 VRay 太阳光，在提示【是否要添加 VRay 天空环境贴图】时选择【否】，然后在前视图进行角度调整，在【修改】面板里把【强度倍增】改为 0.01，如图 12-68 所示。

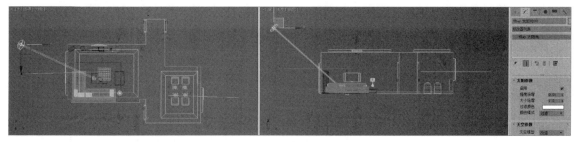

图 12-68　创建 VRay 太阳光

步骤 06　按快捷键【F9】测试渲染，可以看到太阳光效果比较合适，如图 12-69 所示。

图 12-69　测试太阳光渲染效果

步骤 07　创建暗藏灯带。在顶视图暗藏灯带处创建一个 VRay 灯光，然后在前视图将其移到灯槽位置，再将【倍增】改为 2，如图 12-70 所示。在【选项】卷展栏选中【不可见】复选框。

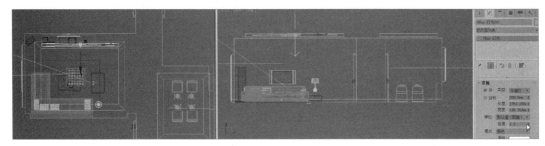

图 12-70　创建 VRay 灯光

步骤 08　将【VRay 灯光】对象复制到其他灯槽，如图 12-71 所示。按快捷键【F9】测试渲染，效果如图 12-72 所示。可以看出暗藏灯带灯光稍微有点强，可将其【倍增】调到 1。

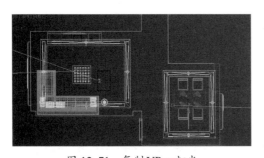

图 12-71　复制 VRay 灯光

图 12-72　测试渲染 VRay 灯光效果

步骤 09　绘制一个半径为 50、高为 10 的【圆柱体】对象，放于暗藏灯槽下边，赋上 VRay 灯光材质，再实例复制几个，如图 12-73 所示。

步骤 10　在顶视图创建一个【VRayIES】灯光，调整好位置，单击【IES 文件】后的按钮，如图 12-74 所示。加载素材文件里的"筒灯 .ies"文件，再将【强度值】改为 900。

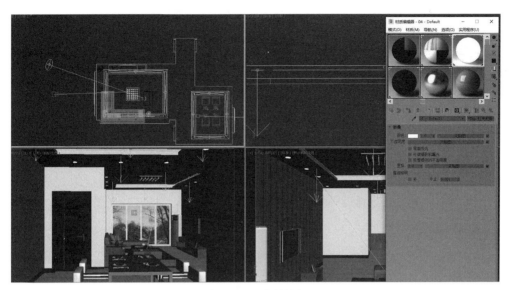

图 12-73 绘制筒灯

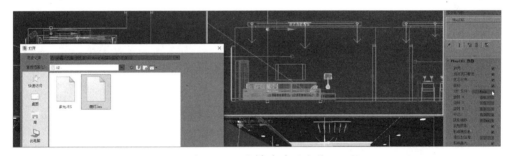

图 12-74 加载光域网文件

步骤 11 选择【VRayIES】灯光，按住【Shift】键根据筒灯的位置【实例】复制并微调目标位置，按快捷键【F9】测试渲染，效果如图 12-75 所示。

步骤 12 准备出大图。按快捷键【F10】，在弹出的对话框中，将【GI】选项卡中的【发光贴图】预设为"高"，将【灯光缓存】的【细分】改为 2000，如图 12-76 所示，然后渲染一次。渲染完成后，单击【发光贴图】和【灯光缓存】卷展栏中【模式】后的【保存】按钮，将计算结果保存，如图 12-77 所示。

图 12-75 筒灯测试渲染效果

步骤 13 在【渲染设置】对话框的【公用】选项卡中将【输出大小】改为 3200×1800，如图 12-78 所示。再切换到【GI】选项卡，在【发光贴图】和【灯光缓存】卷展栏的【模式】下拉列表中选择【从文件】，然后分别载入刚刚保存的计算结果文件，如图 12-79 所示。

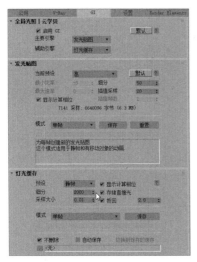

图 12-76　提高渲染参数

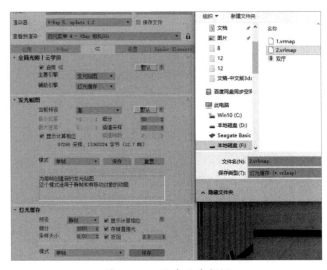

图 12-77　保存渲染数据

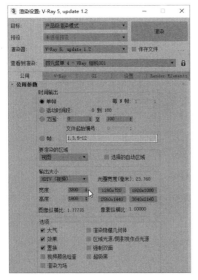

图 12-78　更改渲染尺寸

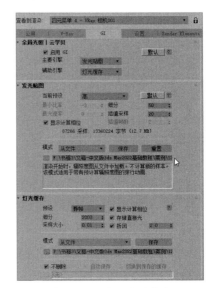

图 12-79　载入渲染数据

步骤 14　　出大图。按快捷键【F9】进行渲染，完成后单击【保存当前通道】按钮🖫将其保存为 ".jpg"格式，渲染效果如图 12-80 所示。

步骤 15　　在【渲染设置】对话框里将【公用】选项卡设回 1280×720，在【查看到渲染】下拉列表中选择【四元菜单 4-VRay 相机 002】，在【GI】选项卡里将【发光贴图】和【灯光缓存】卷展栏的【模式】都改为【单帧】，如图 12-81 所示。选择【VRay 相机 002】，在【修改】面板里把【光圈数】改为 3，将【快门速度】改为 100，如图 12-82 所示。

> **温馨提示**
> 若场景中相机、灯光、模型等有改动，则需重新渲染，切不可将原有的渲染数据载入，否则会出错。因此，本例渲染餐厅角度效果图时都重新走一遍渲染流程而非直接载入客厅渲染的数据。

图 12-80 客厅角度渲染效果

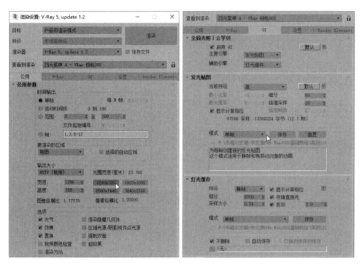

图 12-81 设置渲染参数

图 12-82 设置 VRay 相机 002

步骤 16 渲染一次，保存计算结果，再重复步骤 13 和步骤 14，餐厅角度效果图渲染完成，如图 12-83 所示。

图 12-83 餐厅角度渲染效果

3ds Max 2022

文件命令	快捷键	文件命令	快捷键
改变到顶视图	T	改变到底视图	B
改变到相机视图	C	改变到前视图	F
改变到等大的正交视图	U	改变到透视图	P
改变到灯光视图	Shift+4	平移视图	Ctrl+P
交互式平移视图	I	放大镜工具	Alt+Z
最大化当前视口（开关）	Alt+W	环绕视图模式	Ctrl+R
全部视图显示所有物体	Shift+Ctrl+Z	当前视口最大化显示选定对象	Z
在当前视口最大化显示	Alt+Ctrl+Z	专家模式全屏（开关）	Alt+Ctrl+X
根据框选进行放大	Ctrl+W	视窗交互式放大	[
视窗交互式缩小	]	撤销视口操作	Shift+Z
匹配到相机视图	Ctrl+C	透明显示所选物体（开关）	Alt+X
减淡所选物体的面（开关）	F2	实体与线框模式切换	F3
带边面显示	F4	显示/隐藏相机	Shift+C
显示/隐藏几何体	Shift+G	显示/隐藏网格	G
显示/隐藏光源	Shift+L	显示/隐藏粒子系统	Shift+P
显示/隐藏安全框	Shift+F	撤销场景操作	Ctrl+Z
根据名称选择物体	H	选择锁定（开关）	Ctrl+Shift+N
选择父物体	PageUp	选择子物体	PageDown
全选对象	Ctrl+A	取消选择	Ctrl+D
反向选择	Ctrl+I	点选对象	Q
选择并移动	W	选择并旋转	E
选择并缩放	R	精确输入转变量	F12
循环改变选择方式	Ctrl+F	循环改变选择并缩放	Ctrl+E
快速对齐	Shift+A	对齐对象	Alt+A
调小 Gizmo	−	调大 Gizmo	+
删除物体	Delete	在 XY/YZ/ZX 锁定中循环改变	F8
放置高光	Ctrl+H	约束到 Y 轴	F6
约束到 Z 轴	F7	约束到 X 轴	F5

文件命令	快捷键	文件命令	快捷键
法线对齐	Alt+N	材质编辑器	M
快速渲染当前视口	Shift+Q 或 Shift+F9	用前一次的配置进行渲染	F9
渲染配置	F10	保存文件	Ctrl+S
新的场景	Ctrl+N	打开一个 MAX 文件	Ctrl+O
打开/关闭捕捉	S	角度捕捉（开关）	A
环境设置对话框	8	显示对象信息	7
间隔工具	Shift+I	子物体选择（开关）	Ctrl+B
视图背景配置	Alt+B	进入第 1、2、3、4、5 个子对象	1、2、3、4、5
动画关键点（开关）	N	播放/停止动画	/
前一时间单位	.	下一时间单位	,

3ds Max 2022

为了强化学生的上机操作能力，专门安排了以下上机实训项目，教师可以根据教学进度与教学内容，合理安排学生上机训练操作的内容。

实训一：绘制凳子

在 3ds Max 2022 中，制作如图 B-1 所示的凳子。

素材文件	综合上机实训\素材文件\1.jpg
结果文件	综合上机实训\结果文件\凳子.max

图 B-1　凳子

操作提示

在绘制凳子的实例操作中，主要使用了【切角方体】【编辑多边形】【VRayMtl】等知识内容。主要操作提示如下。

（1）新建一个长为 300、宽为 300、高为 20、圆角为 3 的【切角方体】。

（2）转为可编辑多边形，进入【边】子对象，使用【连接】造面。

（3）进入【面】子对象，用【智能挤出】方法将造好的面连接起来。

（4）在【材质编辑器】里贴上"1.jpg"贴图即可，若贴图不正确，则加个【UVW 贴图】修改器。

实训二：绘制香蕉

在 3ds Max 2022 中，制作如图 B-2 所示的香蕉效果。

素材文件	无
结果文件	综合上机实训\结果文件\香蕉.max

操作提示

在绘制香蕉的实例操作中，主要使用了【多边形】【线】【放样】【渐变贴图】等知识。主要操作提示如下。

（1）新建一个文件，绘制一个六边形并适当调整角半径，再绘制一个路径。

（2）放样，选择路径，拾取形状。

（3）选择放样体，单击【修改】编辑器，在【缩放】卷展栏里调整角点位置和类型。

（4）使用标准材质，在【漫反射】贴图里贴上【渐变贴图】，把颜色调为香蕉的颜色即可。

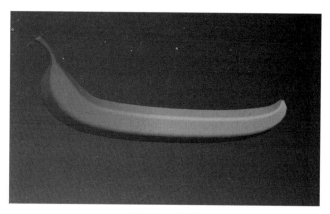

图 B-2　香蕉

实训三：绘制金属笔架

在 3ds Max 2022 中，制作如图 B-3 所示的金属笔架。

素材文件	综合上机实训\素材文件\2.jpg、A001.hdr
结果文件	综合上机实训\结果文件\金属笔架.max

图 B-3　金属笔架

在绘制金属笔架的实例操作中，主要使用了二维线的创建与编辑、挤出、超级布尔、编辑多边形、VRay地坪、VRayMtl、VRay灯光、VRay渲染等操作。主要操作提示如下。

（1）设置网格距离为10毫米，在前视图捕捉网格绘制一个宽为100、高为50的"S"形路径，将转角出圆角，再设置2毫米轮廓，挤出80。

（2）转为可编辑多边形，选择边，将顶底90°的边选到，先切角4，再切角2。

（3）绘制一个半径为8的圆柱，复制6个；绘制一个矩形，对其进行圆角和挤出，转为【可编辑多边形】，与6个圆柱附加。选择"S"形模型，单击【ProBoolean】按钮，拾取附加对象，布尔运算完成。

（4）绘制一个半径为3、高为140的圆柱，转为多边形，选择最上的顶点，将其等比缩小，然后选择多边形，倒角两次做出笔芯；绘制一个VRay地坪，模型完成。

（5）调制金属材质，为VRay地坪贴上木纹，再用VRay灯光进行渲染即可。

实训四：绘制现代吸顶灯

在 3ds Max 2022 中，制作如图B-4所示的现代吸顶灯。

素材文件	无
结果文件	综合上机实训\结果文件\现代吸顶灯.max

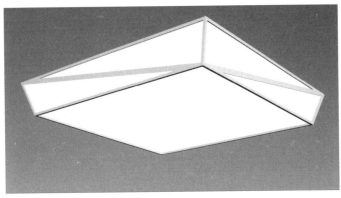

图B-4　现代吸顶灯

在绘制现代吸顶灯的实例操作中，主要使用了编辑多边形、多维/子对象材质等知识。主要操作提示如下。

（1）在顶视图绘制一个长为200、宽为200、高为30的长方体，转为可编辑多边形，选择底面多边形，右击【选择并均匀缩放】按钮将其缩小至90%。

（2）选择侧面对角两个顶点，单击【连接】命令，用同样的方法处理另外三个侧面。

（3）全选所有面，按多边形插入2，再按多边形挤出-2。设置材质ID为1，按快捷键【Ctrl+I】

反选其他多边形，设置材质ID为2。

（4）切换为多维/子对象材质，设置数量为2，将1号子材质设为VRay灯光，将2号子材质设为VRayMtl，将漫反射颜色改为白色即可。

实训五：绘制榫卯

在 3ds Max 2022 中，制作如图B-5所示的榫卯。

素材文件	综合上机实训\素材文件\5.jpg
结果文件	综合上机实训\结果文件\榫卯.max

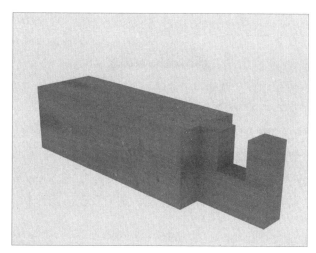

图B-5 榫卯

操作提示

在绘制榫卯的实例操作中，主要使用了智能挤出技能。主要操作提示如下。

（1）绘制一个长、宽、高分别为50、150、50的长方体，然后将其转为可编辑多边形。

（2）选择一头的上下两边连接生成两条边，选择中间的面挤出50。再用同样的方法连接生成两条边，选择新生成的两边连接一条边。选择需要挖出的面，按住【Shift】键拖动到厚度之外即可。

（3）将渲染器设为【V-Ray5，update1.2】，在【V-Ray】选项卡的【环境】卷展栏中选中【GI天光】复选框，在【GI】选项卡里将【主要引擎】设为【发光贴图】。按快捷键【M】调出【材质编辑器】面板，选择一个材质球切换为【VRayMtl】，在【漫反射】通道贴上"5.jpg"。

（4）按快捷键【8】将背景设为淡蓝色，渲染即可。

实训六：绘制官帽椅

在 3ds Max 2022 中，制作如图B-6所示的官帽椅。

素材文件	综合上机实训\素材文件\6.jpg
结果文件	综合上机实训\结果文件\官帽椅.max

图 B-6 官帽椅

操作提示

在绘制官帽椅的实例操作中，主要使用了编辑样条线、放样、挤出及编辑多边形等知识。主要操作提示如下。

（1）用编辑多边形方法绘制大边和搭脑及靠背，用编辑样条线加挤出的方法绘制券口及牙条，用放样的方法绘制椅腿、鹅脖、联帮棍等。用VRay平面绘制地面。

（2）为椅子调制VRayMtl材质，在【漫反射】上贴上"6.jpg"，在VRay平面上调制VRayMtl材质，将【漫反射】改为浅灰色，再切换到VRay材质包裹器，选中【无光/阴影】和【阴影】复选框。将背景色改为淡蓝色。

（3）直接用天光渲染即可。

实训七：绘制排球模型

在 3ds Max 2022 中，制作如图 B-7 所示的排球模型。

素材文件	无
结果文件	综合上机实训\结果文件\排球 . max

图 B-7 排球模型

在绘制排球模型的操作中，主要使用了球形化、编辑多边形等知识。主要操作提示如下。

（1）创建一个边长为200的立方体，然后添加一个【网格编辑】修改器，在透视图中按快捷键【F4】使立方体带边面显示，按快捷键【4】进入【多边形】子对象层级，然后按住【Ctrl】键选择一列3个多边形，单击【分离】按钮将其分离。用同样的方法拆分其他17个面。

（2）拆分完毕后，按【H】键按名称选择【Box001】，将此有名无实的对象删除。然后选择一个矩形面，单击【附加列表】按钮，将其余17个矩形面全部选择附加。此时所有的矩形面又成为一个可编辑的网格对象。

（3）给该对象添加一个【网格平滑】修改器，再添加一个【球形化】修改器。然后再添加一个【编辑网格】修改器，按快捷键【5】进入【元素】子对象，按快捷键【Ctrl+A】全选元素，挤出3。

（4）再添加一个【网格平滑】修改器，选择"四边形输出"，迭代2次。按快捷键【F4】取消带边面显示，添加一个【优化】修改器，排球模型绘制完成。

实训八：制作篮球跳动动画

在 3ds Max 2022 中，制作如图 B-8 所示的篮球并制作跳动动画。

素材文件	综合上机实训\素材文件\8.jpg
结果文件	综合上机实训\结果文件\篮球.max、篮球跳动.avi

图 B-8　篮球跳动

在制作篮球跳动的动画中，主要使用了凹凸贴图、记录关键帧、调整轨迹曲线、布置标准灯光等知识。主要操作提示如下。

（1）创建球体半径为60，段数为64。调整高光级别为50，光泽度为42，在【漫反射】里贴入位图"8.jpg"，再到【凹凸】贴图里将值改为60，贴上【噪波】贴图，大小改为60。

（2）开启自动记录关键帧，在第 0、20、40、60、80、100 帧的时候在 Z 轴上移动，每次下落高度约为前次的 2/3，且沿着 XY 方向有一定移动和旋转。打开【轨迹曲线】窗口，将落地的曲线设为快速和慢速。

（3）布置一盏【泛光】灯在顶部，设置衰减；然后再布置一盏【天光】，设置倍增为 0.4，选中【投射阴影】复选框。

（4）设置渲染为活动帧，格式为 ".avi"，渲染即可。

实训九：制作地球仪转运动画

在 3ds Max 2022 中，制作如图 B-9 所示的地球仪并制作转动动画。

素材文件	综合上机实训\素材文件\9.jpg、CHROMIC.jpg
结果文件	综合上机实训\结果文件\地球仪.max、地球仪.avi

图 B-9　地球仪转动动画

操作提示

在制作地球仪转动动画的实例操作中，主要使用了绘制球体、圆环、编辑样条线、车削、真假混合贴图、记录动画、群组等知识。主要操作提示如下。

（1）新建一个文件，绘制球体、圆柱、圆环，绘制矩形编辑样条线车削，组成地球仪。

（2）为地球仪贴上 "9.jpg" 贴图，为其他贴上【金属】材质，在【反射】贴图通道里贴上真假混合反射。

（3）选择所有对象，以球体为准对齐网格，记录动画，拖到第 100 帧，将地球仪旋转 360°，然后在【曲线编辑器】里将切线全改为 "线性"，群组所有对象，以基座为准对齐网格。

（4）设置渲染为活动帧，格式为 ".avi"，渲染即可。

实训十：制作挂钟模型

在 3ds Max 2022 中，制作如图 B-10 所示的挂钟模型。

素材文件	无
结果文件	综合上机实训\结果文件\挂钟.max

图 B-10　挂钟模型

操作提示

在绘制挂钟模型的实例操作中，主要使用了编辑多边形、阵列、多维/子对象材质等知识。主要操作提示如下。

（1）创建一个长为 300、宽为 300、高为 40 的长方体，旁边绘制一个切角长方体，对齐后复制 2 个，再复制到另外一边。

（2）将长方体转为可编辑多边形，插入 20 的面，挤出 -20，附加切角方体，指定表盘材质 ID 为 1，反选设为 2。调制多维/子对象材质并指定给挂钟。

（3）用阵列的方法绘制刻度、数字与指针，模型绘制完成。

3ds Max 2022

附录C
知识与能力总复习题（卷1）

（全卷：100 分　答题时间：120 分钟）

得分	评卷人

一、单项选择题（共 30 小题，每题 1 分，共 30 分）

1. 3ds Max 这个功能强大的三维动画软件出品公司为（　　）。

A. Discreet　　　　　B. Adobe　　　　　C. Autodesk　　　　D. Corel

2. 下面（　　）工具可以同时复制多个相同的对象，并且使得这些复制对象在空间上按照一定的顺序和形式排列。

A. 镜像　　　　　　B. 散布　　　　　　C. 阵列　　　　　　D. 复制

3. 以下不属于几何体的对象是（　　）。

A. 球体　　　　　　B. 平面　　　　　　C. 粒子系统　　　　D. 螺旋线

4. 能够控制样条线节点数的修改器是（　　）。

A. 编辑样条线　　　B. 优化样条线　　　C. 优化　　　　　　D. 规格化样条线

5. 在 3ds Max 2022 中，最大化视图与最小化视图切换的快捷方式默认为（　　）。

A. F9　　　　　　　B. 1　　　　　　　　C. Alt+W　　　　　D. Shift+A

6. 3ds Max 2022 中材质编辑器最多可以显示的样本球个数为（　　）。

A. 9　　　　　　　　B. 13　　　　　　　C. 8　　　　　　　D. 24

7. 快速渲染当前视口的快捷键是（　　）。

A. F9　　　　　　　B. F10　　　　　　　C. Shift+Q　　　　D. F11

8.【编辑多边形】修改器中有（　　）个子对象。

A. 5　　　　　　　　B. 4　　　　　　　　C. 3　　　　　　　D. 6

9. 以下不属于【编辑样条线】顶点子对象下操作的按钮为（　　）。

A. 连接　　　　　　B. 焊接　　　　　　C. 打断　　　　　　D. 拆分

10. 3ds Max 2022 中默认情况下以（　　）种视图方式显示。

A. 1　　　　　　　　B. 2　　　　　　　　C. 3　　　　　　　D. 4

11. 以下不属于放样变形的修改类型的是（　　）。

A. 缩放　　　　　　B. 噪波　　　　　　C. 拟合　　　　　　D. 扭曲

12. 以下不属于群组中使用的操作命令的是（　　）。

A. 组　　　　　　　B. 附加　　　　　　C. 炸开　　　　　　D. 塌陷

13. 在 3ds Max 2022 中最多能设置（　　）个浮动视口。

A. 3　　　　　　　　B. 2　　　　　　　　C. 1　　　　　　　D. 4

14. 以下说法正确的是（　　）。

A. 弯曲修改器的参数变化不可以形成动画　　B.【编辑网格】中有 3 种子对象类型

C. 放样是使用二维对象形成三维物体　　　　D. 放缩放样我们又称之为适配放样

15. 在 3ds Max 2022 中，切换到专家模式的快捷键是（　　）。

A. X   B. Alt+X   C. Ctrl+X   D. Alt+Ctrl+X

16. 在 3ds Max 2022 中锁定对象的快捷键是（　　　）。

A. Shift+Tab   B. Ctrl+空格键   C. 空格键   D. Ctrl+Shift+N

17. 下列视图不是 3ds Max 的 4 个默认视图窗口之一的为（　　　）。

A. 顶视图   B. 右视图   C. 前视图   D. 透视图

18. 下列（　　　）工具可以结合到空间扭曲，使物体产生空间扭曲效果，可以在编辑修改器堆栈中取消绑定。

A. 链接   B. 复制   C. 变换   D. 绑定

19. 3ds Max 2022 中默认的对齐对象快捷键为（　　　）。

A. W   B. Shift+J   C. Alt+A   D. Ctrl+D

20. 以下哪个不是 3ds Max 2022 的新功能？（　　　）

A. 对称修改器增强   B. 智能挤出   C. 摄影机序列器   D. 切片修改器增强

21.【编辑样条线】中可以进行正常布尔运算的子对象层级为（　　　）。

A. 顶点   B. 边   C. 线   D. 样条线

22. 以下不属于标准三维空间捕捉的类型是（　　　）。

A. 顶点   B. 边   C. 多边形   D. 轴心

23. 材质编辑器的默认快捷键为（　　　）。

A. V   B. G   C. Y   D. M

24. 按名称选择的默认快捷键为（　　　）。

A. H   B. F   C. Q   D. Ctrl+P

25. 对于同一条路径在不同位置可以放置（　　　）截面。

A. 1 个   B. 2 个   C. 3 个   D. 多个

26. 要想把两个 3ds Max 文件放置到同一个场景中，则需要使用的菜单是（　　　）。

A. 导入文件   B. 合并文件

C. 组合文件   D. 复制一个文件粘贴到另一个文件中

27. 能同时缩放四个视图的按钮是（　　　）。

A.   B.   C.   D.

28. 要想对一个圆柱体添加弯曲修改器，则有一个参数不能为 1，这个参数是（　　　）。

A. 长度分段   B. 高度分段   C. 宽度分段   D. 端面分段

29. 车削工具制作的模型中间有黑色发射状区域，取消这个区域可使用的参数是（　　　）。

A. 光滑   B. 焊接内核   C. 翻转法线   D. 调整轴线

30. 下列不属于布尔运算的类型的是（　　　）。

A. 差集   B. 并集   C. 交集   D. 相加

得分	评卷人

二、多项选择题（共10题，每题2分，共20分）

1. 以下可以应用于三维对象的修改器的有（　　　）。

A. 弯曲　　　　　　B. 锥化　　　　　　C. 倒角　　　　　　D. 编辑多边形

2. 以下属于VRayMtl材质的基本参数的有（　　　）。

A. 折射　　　　　　B. VRay灯光　　　　C. 反射　　　　　　D. 漫反射

3. 以下属于捕捉类默认快捷键的是（　　　）。

A. S　　　　　　　　B. A　　　　　　　　C. G　　　　　　　　D. V

4. 以下属于标准几何体的有（　　　）。

A. 长方体　　　　　B. 球体　　　　　　C. 茶壶体　　　　　D. 异面体

5. 3ds Max属于（　　　）。

A. 三维动画制作软件　B. 三维建模软件　　C. 文字处理软件　　D. 网页制作软件

6. 以下属于Loft放样变形类型的有（　　　）。

A. 倒角　　　　　　B. 拟合　　　　　　C. 图形　　　　　　D. 缩放

7. 以下属于对齐中的对齐方式的有（　　　）。

A. 最大值　　　　　B. 最小值　　　　　C. 轴心　　　　　　D. 中心

8. 在3ds Max物理相机中能调整画面亮度的有（　　　）。

A. 感光度（ISO）　　B. 光圈数　　　　　C. 快门速度　　　　D. 胶片规格

9. 3ds Max支持的图片输出类型有（　　　）。

A. TGA　　　　　　B. PNG　　　　　　C. GIF　　　　　　D. BMP

10. 能够影响VRay灯光强度的参数有（　　　）。

A. 倍增　　　　　　B. 大小　　　　　　C. 双面　　　　　　D. 不可见

得分	评卷人

三、填空题（共12小题，每空1分，共35分）

1. 变换线框使用不同的颜色代表不同的坐标轴：红色代表＿＿＿＿＿＿＿轴，绿色代表＿＿＿＿＿＿＿轴，蓝色代表＿＿＿＿＿＿＿轴，当对某一轴进行操作时会变成＿＿＿＿＿＿＿色。

2. 3ds Max的四个默认视图窗口分别是＿＿＿＿＿＿＿、＿＿＿＿＿＿＿、＿＿＿＿＿＿＿和＿＿＿＿＿＿＿，其对应的快捷键分别为＿＿＿＿＿＿＿、＿＿＿＿＿＿＿、＿＿＿＿＿＿＿和＿＿＿＿＿＿＿。

3. VRay物理相机有＿＿＿＿＿＿＿、＿＿＿＿＿＿＿、＿＿＿＿＿＿＿三种类型。

4. 3ds Max提供了3种缩放工具：＿＿＿＿＿＿＿，＿＿＿＿＿＿＿，选择并挤压。

5. VRay相机主要有＿＿＿＿＿＿＿和＿＿＿＿＿＿＿两种。

6. 直接按键盘上的＿＿＿＿＿＿＿键，就可以将当前视图区转换为摄影机视图；按＿＿＿＿＿＿＿键就能将透视图匹配为摄影机视图；按＿＿＿＿＿＿＿键就能显示安全框。

7. VRay 5 的灯光有 _____ 、 _____ 、 _____ 和 _____ 四种类型。

8. 克隆选项有 _____ 、 _____ 和 _____ 三种方式。

9. 放样的两要素是 _____ 和 _____ 。

10. 在命令面板中可修改矩形的圆角半径，那么绘制星形时，可修改的圆角半径的参数有 _____ 个。

11. VRay 渲染一般场景时主要引擎和辅助引擎分别选择 _____ 和 _____ 。

12. PAL 的帧速率是 _____ 帧/秒。

得分	评卷人

四、判断题（共 15 小题，每题 1 分，共 15 分）

1. 光圈数越大则光圈越大，进光量越多。 （　　）

2. 在 3ds Max 2022 中，【选择并移动】按钮的快捷键是【W】。 （　　）

3. VRay 灯光的强度与倍增器有关，与面积无关。 （　　）

4. 可以通过快捷键【F3】来切换物体的边框与实体显示。 （　　）

5. 打开记录关键帧动画按钮的快捷方式默认为 N。 （　　）

6. 3ds Max 2022 中默认最近打开文件列表数为 10。 （　　）

7. 放样中的路径型可以有若干个。 （　　）

8.【编辑样条线】中子对象移动，在不添加任何其他修改器的情况下可以做成动画。 （　　）

9. 在 VRayMtl 材质中调反射材质时，亮度越高，反射越强。 （　　）

10. 在 3ds Max 2022 中，当前活动的视图带有红色边框。 （　　）

11. 在 VRay 5 中，VRay 灯光有平面灯、穹顶灯、球体灯、网格灯、圆形灯 5 种类型。 （　　）

12. 捕捉点工具只有捕捉三维点和捕捉二维点两种。 （　　）

13. 在 3ds Max 2020 中，加选对象时按【Alt】键，减选对象时按【Ctrl】键。 （　　）

14.【胶囊】是标准几何物体中的一种模型。 （　　）

15. 解组是将组（包括子组）全部分解。 （　　）